专业老师教你买宝石

谢浩 著

WUHAN UNIVERSITY PRESS
武汉大学出版社

图书在版编目(CIP)数据

专业老师教你买宝石/谢浩著.—武汉：武汉大学出版社,2013.9
时尚宝石
 ISBN 978-7-307-10322-1

Ⅰ.专…　Ⅱ.谢…　Ⅲ.宝石—选购　Ⅳ.TS933

中国版本图书馆 CIP 数据核字(2012)第 280752 号

责任编辑:夏敏玲　　　责任校对:刘　欣

出版发行:武汉大学出版社　　(430072　武昌　珞珈山)
　　　　　(电子邮件:cbs22@ whu.edu.cn　网址:www.wdp.com.cn)
印刷:湖北恒泰印务有限公司
开本:889×1194　1/24　　印张:7　字数:201 千字
版次:2013 年 9 月第 1 版　　2013 年 9 月第 1 次印刷
ISBN 978-7-307-10322-1/TS·36　　　定价　39.00 元

自　序

　　我从小的理想就是成为一名教师，高考填报的志愿除了老妈特别喜欢的珠宝专业，几乎都是外地的师范院校，但终因老妈不舍得我离家太远，选择留在武汉，进入中国地质大学珠宝学院，系统学习宝石工艺及鉴定。一路顺风顺水地读了七年，我深深迷上了这个专业，但是心中做教师的理想也不曾磨灭。毕业之后我如愿成为中国地质大学江城学院珠宝专业教师，讲授与宝石鉴定相关的各种课程。

　　2005年，我在网上开了家小宝石店打发业余时间。与珠宝爱好者交流多了，切实感觉到消费者的珠宝知识严重匮乏，市场乱象众多，基本的珠宝常识得不到普及，相反，许多不科学的鉴定方法却在网络上广为流传。每每遇到缺乏常识的消费者，总有给他上一课的冲动。但也仅仅是冲动一下，除了课堂，自己并没有做什么实际的事情在更广范围来普及珠宝知识。直到有一次，看到中央电视台科教频道的一档跟宝石相关的节目中连一些基本概念都是错误的时候，我受到很大的刺激，促使我有了写书进行珠宝常识科普的想法。

　　几年来，在网上我接受了数千消费者的咨询。在最初的一两年，我多少还有点学院派的清高，对市场上很多五花八门的名称懒得一顾，对消费者问的稀奇古怪的"低幼"问题也颇有点不屑回答。

　　而随着时间的推移，我对消费者关心的问题有了充分和完全的理解，开始如上课般跟他们讲解各种问题。而专业的回答方式往往很难得到朋友们的认可，与我的专业解释相比，她们似乎更愿意接受那些通俗的误导。之后，思考如何以最通俗的朋友们接受并满意的方式讲解清楚各种问题成为了一种习惯。

　　解答的问题多了，将消费者的问题整理出来成书也就成了顺理成章的事情。这本书一方面解答了消费者的各种疑问：它是天然的吗？是什么成分？品质如何？会不会有辐射？价格是不是合理？有没有投资价值？该怎么保养？……更重要的是，这本书完成了自己从事珠宝教学和销售这些年来一直希望普及珠宝知识的愿望。

　　时下，珠宝首饰市场已经不再是黄金、钻石黄白两色一统天下的时代了，各种彩色宝石的流行趋势已经显现。如何才能将品种繁多的彩色宝石清楚地介绍给消费者呢？多年的"双职"经历打下的基础发挥了重要作用。我在写这本书时始终贯彻着这样的宗旨——专业的视角，严谨的思维，通俗的话语。

　　希望广大宝石爱好者在这本书中都能有所收获，或者厘清一些杂乱甚至是错误的概念，或者增长一些珠宝鉴定和保养的知识，亦或者储备一些宝石投资的资讯。真心希望每个人都能成为理性而智慧的珠宝消费高手。

目 录 Contents

第四章　宝石消费新理念

第一章

疯狂的石头——宝石

　　"花如解语还多事，石不能言最可人。"

　　不管在什么年代，总有那么一些石头是疯狂的，疯的是它们绚烂的外表，狂的是它们不菲的价格。它们不甘于沉睡，流连于人们的颈项、耳际、手腕，溢彩流光，熠熠生辉。人们随之尊贵，为之痴迷。

大自然的杰作

那些让人们痴迷的珠宝首饰上镶嵌的光彩夺目的各色石头就是宝石。宝石，顾名思义，当然不同于普通一般的石头。石头到处都是，众所周知，我们生活的陆地就是由岩石构成的。我们随手都可能在路边捡到石头，可宝石就没那么容易捡了。

宝石是自然界里极其特殊的石头。石头是由各种矿物组成的，自然界目前已经发现的矿物超过3000种，其中只有大约100种可以用作宝石，而常见的宝石仅仅只有一二十种。

宝石究竟特殊在哪里呢？它们之所以能成为"宝"，首先是因为无与伦比的美丽外观。它们或者有艳丽的色彩，或者有奇异的光学效果，但是光有漂亮"脸蛋"还远远不够，它们还需要具有稀少和耐久的性质。这很容易理解，物以稀为贵，宝石正是因为稀少才珍贵。

宝石是自然界生成的矿物晶体，是大自然的杰作，它们的形成绝非一朝一夕，而是需要数百万年、数千万年甚至数亿年的时光。在这漫长的岁月中，它们积聚了天地的灵气，被自然赋予了无穷的魅力。

宝石是晶体，那晶体又是什么呢？不能继续顾名思义，想当然地认为所有晶莹剔透的东西都是晶体。我们最常见的玻璃,如玻璃窗、玻璃杯、玻璃花瓶等,哪一个不是晶莹剔透的呢?可玻璃恰恰就不是晶体。其实晶体在我们的日常生活中随处可见,我们每天都要吃下不少的晶体。这并不是危言耸听,像盐、白砂糖、味精等调料都是晶体。判断一个东西是不是晶体,不是看它是否透明,而要看它的微观结构是否规则。晶体是具有规则结构的固体,它的最小重复单元结构我们称之为"格子"。我们可以宏观地将晶体中的"格子"想象为砖头,整个晶体就是由完全相同的砖头在三维方向紧密堆积起来的,因而其内部结构非常规则。而玻璃的内部结构就好比一个乱石堆,它的内部没有任何规律可循。

那么,晶体就一定是宝石吗?也不是。晶体有很多种,所有的天然宝石都是晶体,但不是所有的晶体都是宝石,你能说盐和味精是宝石吗?

按照国家标准对珠宝玉石的分类,珠宝玉石包括天然珠宝玉石、人工宝石和仿宝石。

随着时代的前进,一切事物都要与时俱进,宝石当然也不例外。如今,人们心目中的宝石再不仅仅局限于那些美丽、稀少、耐久的矿物晶体,而是几乎涵盖了所有可以用来制作首饰的材料。通俗点说,凡是你觉得好看的,愿意往身上挂的东西,甚至包括一些闪亮的人工材料,漂亮的陶瓷、塑料等,都被称作宝石,这就形成了今天广义的宝石的概念。

不过人们真正喜爱和关心的还是那些大自然里的矿物晶体宝石,也就是天然宝石。因此,天然宝石才是本书重点要介绍和探讨的对象。

国家标准的珠宝玉石分类

珠宝玉石
├─ 天然珠宝玉石
│   ├─ 天然宝石：钻石、红宝石、水晶等
│   ├─ 天然玉石：翡翠、和田玉、独山玉等
│   └─ 天然有机宝石：珍珠、珊瑚、琥珀等
├─ 人工宝石
│   ├─ 合成宝石：合成红宝石、合成蓝宝石等
│   ├─ 人造宝石：人造钛酸锶等
│   ├─ 拼合宝石：拼合欧泊、拼合珍珠等
│   └─ 再造宝石：再造绿松石、再造琥珀等
└─ 仿宝石

宝石中的贵族

钻石

宝石之王，成分最为单纯，象征勇敢、权利、地位和尊贵，同时也象征爱情和忠贞，是最佳的定情信物。

正如前面介绍过的，所有的宝石都必须具备美丽、稀少、耐久的特质。在众多宝石中，一些品种凭借这三方面优良的综合性质脱颖而出，成为宝石中的贵族。其中最著名的当属钻石。

钻石素有"宝石之王"的称号，其物理和光学性质出类拔萃，外观效果极为迷人。不过宝石中的贵族远不止钻石一种，单论价值，钻石未必是最高的。不少名贵宝石的价值都可与钻石匹敌，在一些特殊情况下甚至会高于钻石。

红宝石、蓝宝石、祖母绿都是非常名贵的宝石，它们与钻石一起并称"四大名贵宝石"。这些宝石由于生长环境的原因，内部往往有不少瑕疵，其中品质非常好的，价值完全可以超过或等同于同级别的钻石。

祖母绿

具有令人赏心悦目的翠绿色，象征光明、机智、正直与幸福，历来备受王室青睐。

红宝石

具有火一般的颜色，象征热情、勇气与尊严，以缅甸产出的鸽血红色最佳，非常珍贵。

蓝宝石

具有各种颜色，以克什米尔地区产出的矢车菊蓝色最佳，象征坚贞、诚实与德行，深受男士喜爱。

还有不少人提出"五大名贵宝石"，前四名都没有什么异议，这是大家公认的，但是第五把交椅由谁来坐，至今仍有不少争议。争论的焦点主要集中在金绿宝石和欧泊上。金绿宝石通常具有一些奇特的光学效果，从而形成不同的宝石品种，主要有猫眼、变石和变石猫眼。欧泊同样也是因为具有奇特的变彩效果而备受人们的喜爱。

不论最终争论的结果如何，既然这两者被拿出来PK排名，本身就足以说明它们异常珍贵。

变石

变石又称"亚历山大石"，具有变色效应，它在白天自然光下会呈现祖母绿般的绿色，而在夜晚的白炽灯光下则呈现出红宝石般的红色，被称为"白天的祖母绿，夜晚的红宝石"。

左为自然光下，右为白炽灯下

猫眼

猫眼具有猫眼效应，它在阳光下会呈现出一条细直的亮带，亮带可以随着宝石的移动或观察角度的变化而在宝石表面游移，犹如猫的眼睛一般。

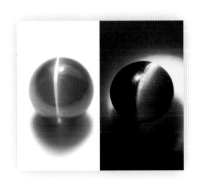

左为白炽灯下，右为自然光下

变石猫眼

变石猫眼同时具有变色效应和猫眼效应，它只在斯里兰卡、印度等少数国家产出，极为稀少。

欧泊

欧泊具有变彩效应，它的颜色变幻莫测，会随着宝石的转动不断变化，非常迷人。

缤纷璀璨的半宝石

美丽、稀有的宝石人人都渴望拥有，但宝石的品种这么多，如何进行选择呢？

宝石的真正魅力并不在于其名贵程度或者华丽程度。犹如人一样，每个宝石都有自己独特的气质，只有了解了宝石的气质，选择与自己气质相一致的宝石，才能够将宝石的魅力最大限度地展现出来，从而突显出自己的气质与品位。

名贵宝石固然令人向往，但它们高昂的价格常常令人咋舌。如果你觉得那些名贵宝石目前对你来说有些望尘莫及，不妨将注意力转到下面这些风格各异的半宝石上。

半宝石是市场上对除了名贵宝石之外的所有天然宝石的统称，相对于名贵宝石而言，它们的价值稍逊，但同样是地球母亲千万年孕育的精灵，色彩缤纷艳丽，晶莹剔透。个别半宝石品种达到顶级品质时，价格毫不逊色于名贵宝石。

当今中国的珠宝市场，除了钻石，半宝石是真正的主力军。各种时尚饰品店经营的天然宝石基本上都是半宝石，其中最常见的半宝石是水晶。这是除钻石外大家最为熟悉和关心的一个宝石品种，因此我将在下一章详细探讨有关水晶的一些问题。

各种半宝石混搭的手链

除了水晶，市场上的半宝石还有很多品种。它们与水晶有着相似的外观，但具有不同的化学成分、晶体结构和物理性质。有些人以为我们在市场上见到的那些五颜六色的石头都是水晶，这是不对的。

目前市场上比较常见的半宝石，除了水晶以外，还有托帕石、海蓝宝石、碧玺、石榴石等，它们大多有着丰富的色彩。时下，利用各种半宝石的丰富色彩混搭的饰品颇为流行。

以下列举了一些常见的半宝石，并且提供了它们的重要参数。不要小看这些参数哟，宝石最终表现出来的特性与这些数字密切相关。折射率的高低决定着宝石亮度的强弱，如果你希望宝石耀眼，应该选择折射率相对较高的品种。摩氏硬度的高低决定了宝石耐久性的好坏，硬度越高的宝石越耐磨。通常较为贵重的宝石按重量售卖，相同的重量下，如果你希望宝石看起来更大，应该选择相对密度较小的品种。

常见的各种半宝石

托帕石	黄玉
	常为无色、蓝色、黄色
	化学成分：$Al_2SiO_4(F,OH)_2$
	晶体形态：斜方晶系，柱状
	折射率：1.619~1.627
	双折射率：0.008~0.010
	摩氏硬度：8
	相对密度：3.53
海蓝宝石	绿柱石
	常为较浅的绿蓝色至蓝绿色、浅蓝色
	化学成分：$Be_3Al_2Si_6O_{18}$
	晶体形态：六方晶系，六方柱状
	折射率：1.577~1.583
	双折射率：0.005~0.009
	摩氏硬度：7.5~8
	相对密度：2.72

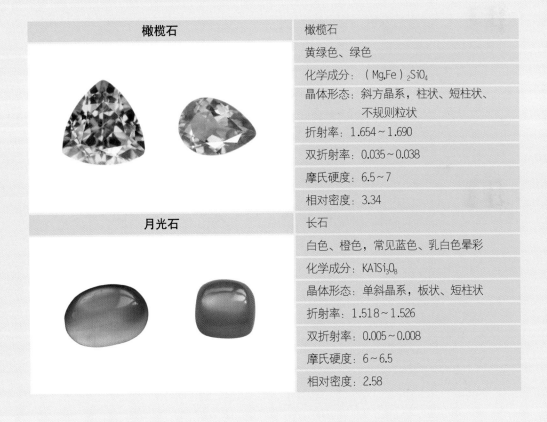

橄榄石	橄榄石
	黄绿色、绿色
	化学成分：$(Mg,Fe)_2SiO_4$
	晶体形态：斜方晶系，柱状、短柱状、不规则粒状
	折射率：1.654～1.690
	双折射率：0.035～0.038
	摩氏硬度：6.5～7
	相对密度：3.34
月光石	长石
	白色、橙色，常见蓝色、乳白色晕彩
	化学成分：$KAlSi_3O_8$
	晶体形态：单斜晶系，板状、短柱状
	折射率：1.518～1.526
	双折射率：0.005～0.008
	摩氏硬度：6～6.5
	相对密度：2.58

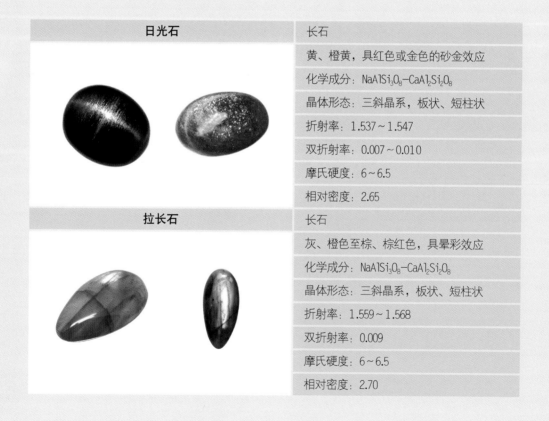

日光石	长石
	黄、橙黄，具红色或金色的砂金效应
	化学成分：$NaAlSi_3O_8$－$CaAl_2Si_2O_8$
	晶体形态：三斜晶系，板状、短柱状
	折射率：1.537～1.547
	双折射率：0.007～0.010
	摩氏硬度：6～6.5
	相对密度：2.65
拉长石	长石
	灰、橙色至棕、棕红色，具晕彩效应
	化学成分：$NaAlSi_3O_8$－$CaAl_2Si_2O_8$
	晶体形态：三斜晶系，板状、短柱状
	折射率：1.559～1.568
	双折射率：0.009
	摩氏硬度：6～6.5
	相对密度：2.70

尖晶石	尖晶石
 	颜色丰富，各种颜色
	化学成分：$MgAl_2O_4$
	晶体形态：等轴晶系，八面体
	折射率：1.718
	双折射率：无
	摩氏硬度：8
	相对密度：3.60
锆石	锆石
	无色、蓝、黄、绿、褐、橙、红、紫色
	化学成分：$ZrSiO_4$
	晶体形态：四方晶系，四方双锥、板状、柱状
	折射率：1.925～1.984
	双折射率：0.059
	摩氏硬度：6～7.5
	相对密度：3.90～4.73

碧玺		电气石
 		各种颜色，可有双色或多色
		化学成分：复杂的硼硅酸盐
		晶体形态：三方晶系，浑圆三方柱或复三方柱
		折射率：1.624～1.644
		双折射率：0.020
		摩氏硬度：7～8
		相对密度：3.06
石榴石		石榴石
 		除蓝色之外的各种颜色
		化学成分：$A_3B_2(SiO_4)_3$
		晶体形态：等轴晶系，菱形十二面体或四角三八面体
		折射率：1.710～1.940
		双折射率：无
		摩氏硬度：7～8
		相对密度：3.50～4.30

第二章

入门级宝石知识

钻石并非坚不可摧

钻石的物理、化学性质极为优异，其中一些性质在各种宝玉石矿物中堪称第一，最重要的有"三最"：在所有无机非金属矿物中光泽最强；在所有天然无色宝石中色散值最高；在自然界所有物质中硬度最高。

所谓光泽，指的是宝石表面的反光强度，光泽越强，宝石越亮，越耀眼。光泽取决于宝石本身的折射率值和抛光质量两个方面。其中折射率值是硬件，抛光质量是软件。也就是说，宝石的折射率值越高，在抛光良好的时候能够出现的光泽就越强。如果硬件条件不好，即折射率值不高的话，抛光再好光泽也是有限的。钻石的折射率值高达2.417，而绝大部分宝石的折射率值介于1.50~1.80之间，与钻石相差甚远。所以，钻石表面的光泽是非金属物质里最强的金刚光泽，而绝大部分普通宝石表面的光泽只能是与普通玻璃相似的玻璃光泽。

所谓色散，指的是宝石分解光线的能力，这种能力可以通过色散值具体量化。色散值是宝石在标准红光与标准紫光下折射率值的差值，色散值越大，说明宝石分解光线的能力越强，宝石切割后能够出现的火彩就越明显。钻石的色散值是所有天然无色宝石中最大的，高达0.044，而绝

钻石原石

钻石小档案

化学成分：C

晶体形态：立方体、八面体、
　　　　　菱形十二面体

折射率：2.417

摩氏硬度：10

相对密度：3.52

大部分宝石的色散值小于0.020，所以，钻石的火彩也是所有天然无色宝石中最强的。

所谓硬度，指的是宝石抵抗外力刻划的能力。硬度越大，宝石越耐划，耐久性自然也越好。自然界的矿物，硬度由低到高分为1至10级，钻石的硬度是最高的10级，是迄今为止自然界中发现的最坚硬的物质。

正是这些顶级的物理性质，使得钻石具有无与伦比的璀璨光芒和无双的硬度，荣登"宝石之王"的宝座自然是实至名归了。

钻石戒指

　　相比色散值高、光泽强这些性质来说，钻石的坚硬程度似乎认知度很高。不少朋友认为，钻石既然是自然界最坚硬的物质，就应该坚不可摧。这是非常危险的想法。钻石可以是无坚不摧，但并非坚不可摧。

　　你必须明白，硬度，指的是钻石抵抗外力刻划的能力。换句话说，钻石可以刻划任何的物质，也可以抵抗任何物质的刻划，但仅仅是能抵抗刻划，而非能抵抗撞击或者敲打这样的强烈外力。

　　耐划绝不等于耐摔。恰恰相反，钻石的脆性比较大，抗击打的能力很有限，若受到强烈的外力撞击，很容易出现V形的小缺口。

红宝石、蓝宝石是 "一家"

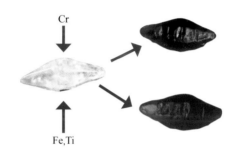

刚玉致色元素示意图

红宝石、蓝宝石都属于同一类矿物——刚玉。

刚玉的化学成分是Al_2O_3，硬度仅次于钻石。纯净的刚玉是无色的，只是由于其中含有不同的微量元素导致宝石最终呈现出不同的颜色。比如有微量的铬（Cr）进入，刚玉就会呈现红色；而微量的铁（Fe）和钛（Ti）进入，刚玉就会呈现蓝色。

红色的刚玉被称为红宝石，而除红色之外的所有颜色的刚玉都称为蓝宝石。所以你要知道，蓝宝石不一定是蓝色的哦。当别人向你介绍不是蓝色的蓝宝石时，不要再大惊小怪，更不要怀疑人家是色盲，因为蓝宝石可以是蓝色，也可以是其他很多颜色，如紫色、橙色、绿色、黄色等。

红宝石和蓝宝石除了颜色不同之外，其他的各种物理性质都是相同的。

六方桶状的红宝石晶体

刚玉小档案

化学成分：Al_2O_3

晶体形态：三方晶系、六方柱状、六
　　　　　方桶装、六方板状

折射率：1.762~1.770

双折射率：0.008

摩氏硬度：9

相对密度：4.00

红宝石

六方柱状的红宝石晶体

　　"红宝石"这个名称，特指红色的刚玉。千万不要以为凡是红色的宝石都可以叫做红宝石。

　　当然，人们曾经的确是这么认为的，历史上有过很多关于红宝石错误的命名，其中最著名的错误就是英国女王的圣爱德华王冠之上的"黑太子红宝石"。这颗著名的红色宝石，数百年间一直被人们称为"红宝石"，结果后来却发现它其实是一颗红色尖晶石。除了尖晶石，还有其他很多美丽宝石都有着迷人的红色，比如碧玺、石榴石等，而这些宝石如今都不能够称为红宝石。

　　红宝石的美就在于它的颜色，明亮如烈焰，叫人慑服于它如血的鲜艳。

　　好莱坞影星茱莉亚·罗伯茨在影片《麻雀变凤凰》中就有这样一幕，火红色的红宝石项链和耳环配上酥胸微露的红色晚礼服，使得影片中的她就如光彩夺目的凤凰般美丽。

　　红宝石一直被视为吉祥之物，能给人勇气。它是威严、尊荣的象征，还被认为可以治疗疯癫，促进血液循环，防止邪念的产生。

　　红宝石的颜色通常是轻中度至深度的红色，且略带紫色调，最好的颜色是缅甸产的鸽血红

红宝石戒面

红宝石吊坠

色，一种极鲜艳的血红色。真正的鸽血红在两万颗红宝石中才勉强能够找到一颗，是可遇不可求的极品。

鸽血红宝石这样的顶级高档宝石并不是每个对它有强烈欲望的人都能够拥有的。我曾经在珠宝展上了解过鸽血红宝石的价格，在颜色相当的情况下，重量成为决定价格的重要因素。大小不同的鸽血红宝石每克拉的单价相差很大，1克拉左右大小的一粒鸽血红宝石戒面每克拉的单价大约是1万美元；如果重量超过3克拉，每克拉的单价就涨到3万多美元，单粒宝石的价格超过10万美元；重量更大的价格就更惊人了。

罗斯·利夫斯（Rosser Reeves Star）

世界最著名的天然星光红宝石，重138.7克拉，现藏于美国华盛顿史密森博物馆。

不知道这样的价格你是否能够接受，反正是超出了我的经济承受范围，不过我并不因此懊恼。我非常赞同收藏大家马未都先生总结收藏最高境界的一句话："收藏的最高境界是：过我眼，即我有。"这句话一直被我奉为经典，在此也拿出来与大家共勉。

红宝石还可以出现星光效应，这是由于宝石内部特殊的密集平行排列的针状包裹体对光线的反射而形成的一种特殊光学效应。可具有星光效应的宝石还有很多，比如星光蓝宝石、星光石榴石等，但在各种有星光效应的宝石中，最珍贵的还要数星光红宝石。红宝石通常可以出现六射星光效应，即由三条亮带交汇而成。具有完美星光效应的红宝石比同等颜色的普通红宝石更为珍贵。

星光红宝石戒指

蓝宝石

矢车菊蓝色的蓝宝石

由于蓝宝石的颜色非常丰富，珠宝行业中常常有"五颜六色的蓝宝石"之说。除了红色之外的几乎所有颜色都可以在蓝宝石中出现，不过在各种颜色当中，最为人们所熟知和喜爱的还是如晴空般清澈澄净的蔚蓝，那是我们生活的星球的颜色。蓝色象征着地球生生不息的生命活力，而地球也正是我们每个人心中的蓝宝石。

远古的波斯流传着这样的美丽传说：大地由一颗巨大的蓝宝石支撑，天空正是因为蓝宝石光辉的反射而呈现出美丽的蓝色。犹太教圣经里面记载，摩西的《十诫》就转自天神权座下的蓝宝石石刻，蓝宝石也因此被视为神圣的象征。罗马教皇和大主教的戒指上往往都镶嵌有蓝宝石。

除了至高无上的神圣象征，据说蓝宝石还可以见证爱情的坚贞执着，当爱侣背叛时，所佩戴的蓝宝石会失去颜色，以警示主人；更为神秘的说法是，蓝宝石只为诚实的佩戴者闪烁其光芒。

蓝宝石是少数很适合男士佩戴，同时也深得男性喜爱的宝石。一般来说，蓝宝石的价格低于同级别的红宝石。在各色蓝宝石中，克什米尔地区产出的矢车菊蓝色的蓝宝石最为珍贵。矢车菊蓝是一种很浓郁的并略带有紫色调的蓝色，深邃而悠远，能让人感觉到沉稳和智慧。

各种颜色的蓝宝石

蓝宝石戒指

蓝宝石吊坠

　　蓝宝石同红宝石一样，也可以出现星光效应，除了较常见的六射星光效应，极少部分的蓝宝石甚至可以产生罕见的十二射星光效应。我曾在珠宝展上见过一粒堪称完美的十二射星光蓝宝石，灯光一照简直美不胜收。那颗蓝宝石我超级喜欢，无奈财力不允许，只好再次用马先生的那句"过我眼，即我有"来自我安慰了。

十二射星光蓝宝石

比钻石还要贵的祖母绿

卡地亚"永恒"

顶级珠宝品牌卡地亚150周年庆之际，特别推出的一款名为"永恒"的蛇形高级珠宝项链，将原始韵味与诱惑魅力完美集于一身，售价高达6,700万美元。其上镶嵌两颗巨型水滴形祖母绿，分别重205克拉和206克拉，不论重量还是品质，都极为罕见。

祖母绿是最为珍贵的绿色宝石，其浓艳欲滴、赏心悦目的绿色，被人们视为挚爱和生命的标志，并代表着生机盎然、景色明媚的春天。优质的祖母绿价格甚至超出同级别钻石，这听起来似乎让人难以接收，但它却是事实。

祖母绿历来是皇家贵族竞相收藏的珍宝。古埃及艳后克里奥佩特拉最爱的就是祖母绿，她甚至拥有以自己名字命名的祖母绿矿山。古罗马暴君尼禄王曾将祖母绿切成薄片，制作成太阳镜，在烈日下观看奴隶们格斗。耶稣在最后的晚餐时所使用的圣杯，也是用祖母绿的原石制作而成。

祖母绿从矿物学角度属于绿柱石族，与它同属一族的知名宝石还有海蓝宝石。它们的关系就如红宝石与蓝宝石一样，但是海蓝宝石远没有祖母绿珍贵。祖母绿由于含有微量的铬（Cr）而呈现出令人着迷的绿色。这是一种特殊的绿色，浓艳而不浮华，柔和而富有绒感，据说有净化心

围岩中的祖母绿晶体

祖母绿小档案

化学成分：$Be_3Al_2Si_6O_{18}$
晶体形态：六方晶系、六方柱状
折射率：1.56～1.59
双折射率：0.005～0.009
摩氏硬度：7.5～8
相对密度：2.6～2.9
注：不同产地性质略有差异

灵、增强视力的功效。

也许是上天嫉妒祖母绿的美，定要给它一点缺憾，祖母绿的形成环境决定了其内部很难非常洁净，常常含有较多的裂隙和各种天然包裹体。你会发现，越是颜色好的祖母绿，其内部的瑕疵也越多，瑕疵很少甚至没有瑕疵的优质天然祖母绿极其罕见。因此，颜色、净度各方面品质都完美的祖母绿，其价格会超出同级别的无色钻石也就不奇怪了。

以前我在国内市场上见到的都是颜色不怎么吸引人、瑕疵很多并且价格不菲的货色，因此，我对祖母绿心存偏见，觉得它只是空有其名，并没有传说中的那么美丽。直到2010年参观北京国际珠宝展，在一家哥伦比亚专营高档祖母绿公司的展柜前，我才真正被她的美艳折服。那种色彩美得让我这种对珠宝有很强克制力的人都心动不已，艳得足以震撼我的灵魂。所有的偏见都在那一瞬间消失。

我当然知道这样的祖母绿不在我的

六方柱状的祖母绿晶体

祖母绿戒指

财力范围之内，挑了一粒约6克拉的，几乎是整个展柜里最小的一粒戒面询价——每克拉的单价竟然高达6万美金，整粒戒面算下来超过200万元人民币！可惜人家不让拍照，不然我无论如何也得跟这些珍宝合个影啊。

　　不过，即使这样的顶级货色也不是完全没有瑕疵的，用肉眼仔细观察，都还是能看到一些天然的包裹体。"瑕不掩瑜"这个成语可能最初就说的是祖母绿吧。

不是所有的欧泊都会变幻色彩

欧泊，一种美丽得让人舍不得移开眼的宝石，它以变幻莫测的斑斓色彩征服世人。随着观察角度的变化，欧泊会呈现出不断变化的七彩颜色，最适合在舞会、宴会这样的社交场合佩戴。

在所有宝石中，欧泊也许最能够体现女人神秘而善变的性格特点。这种奇妙现象在宝石学中称为变彩效应，是欧泊内部特殊的结构对光线的衍射和干涉而形成的特殊光学效果。

带围岩的砾背欧泊

欧泊小档案

化学成分：$SiO_2 \cdot nH_2O$
非晶体，常为脉状产出
折射率：1.42~1.43
双折射率：无
摩氏硬度：5~6
相对密度：2.15
特殊光效：变彩效应

欧泊的成分其实很简单，就是含水的二氧化硅。欧泊之所以珍贵，主要得益于它所特有的这种梦幻般的光学特效。究竟欧泊是怎样产生这么神奇的效果的呢？

欧泊里的二氧化硅不是晶体，而是非晶态的小球状，因此很明显，欧泊不是水晶哦。欧泊中的这些二氧化硅小球是紧密堆积

黑欧泊戒面

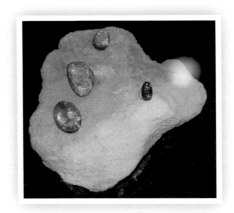

在一起的，它们必须满足严格而苛刻的条件，才有可能产生变彩效应。首先，这些小球必须大小基本一致，不能大的大，小的小。其次，这些小球的直径必须在一定的范围内，不能过大或过小。你不妨将欧泊的内部结构想象成无数堆积在一起的乒乓球，当乒乓球的直径满足特定的条件时，光线就会在球的缝隙间发生衍射和干涉，从而形成奇异的变彩效应。要知道，在自然状态下，同时满足这两个条件实在不是一件容易的事，这就使得有变彩效应的欧泊格外珍贵了。

欧泊最早发现于澳大利亚，在很长一段时间里，澳大利亚是最主要的欧泊产地，主要产出黑欧泊和白欧泊，几乎占到全球欧泊产量的九成以上。近年来，埃塞俄比亚、苏丹等国也陆续发现了优质的带变彩的欧泊。

黑欧泊并不全是黑色，而是指基底颜色较深的欧泊，如深蓝色、褐色等；白欧泊的基底通常就是白色的。想象一下，欧泊的这种变彩效应在什么情况下会更为清晰醒目呢？是在深色的背景上，还是在浅色的背景上呢？显然，在深色的背景上，变彩将会更为清晰。

黑欧泊的价值大大高于白欧泊。国际市场上，优质黑欧泊的价格大约每克拉上千美元，而白

白欧泊吊坠

欧泊每克拉仅几十到上百美元。

除了澳大利亚，墨西哥是另一个重要的欧泊产地。并不是所有的欧泊都有奇特的变彩效应，墨西哥的欧泊通常就不具备这种效应。它们因为颜色似火而被称为火欧泊。不过，火欧泊也不全是火红色的，它可以是各种暖色调，如黄色，橙色等，其颜色越红，价格越贵。

火欧泊虽然没有变彩，但如果其颜色艳丽，依然会非常美丽而且价格不菲。目前国际市场上优质火欧泊的克拉单价大约几百美元。如果颜色艳丽同时还有变彩，那价格自然就更贵了。

但是，作为名贵宝石，欧泊有它致命的弱点，那就是硬度低，不耐划，接触硬物有可能损害其光泽。而且欧泊中含有水分，水对于欧泊的重要性不亚于女人的肌肤，因此"保湿"对于欧泊的意义不言自明，失去水分的欧泊将如同失去水分的肌肤一样丧失光彩。所有这些都使得欧泊的耐久性大打折扣，可这并没能阻止欧泊跻身于名贵宝石的行列，因为它实在是太美了。

欧泊常为细脉状产出，也就是生长在石头缝隙里面，原料常常很薄，不适合直接加工成宝石。为了更好地利用那些变彩漂亮但是很薄的原料，人们常常将欧泊做成拼合石。拼合石也称

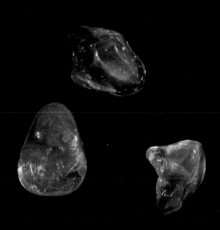

椭形火欧泊戒面

为夹层石，通常有两层（Doublet）和三层（Triplet）之分。两层石是在欧泊下面粘一层暗色基底，以更好地展现欧泊的变彩；三层石就是个三明治，除了下面的暗色基底，还在上面粘一个无色透明的顶层。这个顶层不但起到保护欧泊的作用，还有放大镜的效果，可以让变彩效应显现得更加清晰和漂亮。基底通常采用黑玛瑙或黑玉髓，而无色顶层通常采用白水晶，也有使用玻璃和其他无色材料的。

欧泊拼合石的价格虽然不能跟没有拼合的欧泊相提并论，但是它一方面能够很好地利用原料，将欧泊的美最大限度地展现出来；另一方面也能够对非常娇嫩的欧泊起到很好的保护作用。拼合欧泊通常按粒售卖，根据粒度大小和变彩效果优劣，价格从几美元到上万美元不等。如果仅仅是装饰，拼合欧泊也不失为一种很好的选择。

欧泊二层石

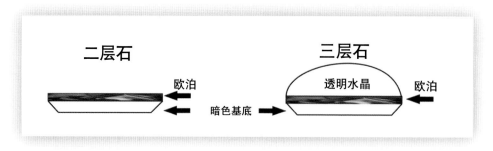

二层石　　　　　　　　　　三层石

透明水晶　　欧泊

欧泊

暗色基底

拼合欧泊示意图

真假猫眼

西瓜碧玺猫眼

很多人都知道猫眼是贵重的宝石，正如我前面介绍的，它是准第五名贵宝石。但大多数人对猫眼的认识是不全面甚至是错误的。

我曾经听到过很多关于猫眼的错误说法，其中最离谱的一次是在旅游途中听导游说："世界上只有两种猫眼，一种是黑猫眼，一种是白猫眼。"这又不是抓老鼠，除了黑猫就是白猫。当时我真是下了很大的决心才忍住没有当众反驳她。如果你真正了解猫眼，你就会发现这种说法有多么荒谬。每次我跟学生讲这个故事，都会引来哄堂大笑。

没见过猫眼石，总该见过猫吧。猫眼石之所以得名，就是因为其表面会有一条随光源移动的亮带，犹如猫的眼睛一样。猫眼的真正含义就是指的这样一种特殊的光学效应。

猫眼效应的原理类似于前面讲的红宝石的星光效应，如果宝石中含有一组密集平行排列的针管状包体，当切割得当时，光线反射就可以产生猫眼效应，不论宝石的品种。了解了这些，猫眼就不再神秘，任何宝石，只要有符合条件的包体、合适的切割，就能够出现这种效应。所以，可以出现猫眼效应的有碧玺、海蓝宝石、水晶等四十多种宝石，它们可以是各种颜色，而绝非只有

长石猫眼

顽火辉石猫眼

黑白两色。甚至玻璃也可以人为造出这种效果来，想做成什么颜色就做成什么颜色。

凡是有猫眼效应的宝石就是猫眼吗？错！

在这四十多种可以出现猫眼效应的宝石中，只有一种可以直接称为猫眼，那就是金绿宝石猫眼。需要说明的是，这并不是说其他那些就是"假猫眼"，它们都是天然的宝石，天然形成的猫眼效应，只不过在称呼的时候不能直接叫猫眼，而必须在猫眼前面加上具体的宝石名称，如碧玺猫眼、月光石猫眼等。

猫眼戒指

　　猫眼无疑是所有可以出现猫眼效应的宝石中最为贵重的。猫眼常见黄绿色和蜜黄色，以蜜黄色为佳，眼线清晰、明亮且灵活者为上品。几年前，中央电视台《鉴宝》节目曾鉴定过一粒44克拉的顶级猫眼，专家估价为240多万元人民币。这个价格也许已经令你咋舌了，但是如今，这粒猫眼则远不止这个价格。在2011年香港春季国际珠宝展上，3克拉大小的优质蜜黄色猫眼每克拉报价约800美元，5克拉以上的不低于2000美元。如此算来，44克拉的顶级猫眼那简直就是天文数字了。

什么颜色的碧玺价值最高?

西瓜碧玺

碧玺小档案

化学成分: $(Na, K, Ca)(Al, Fe, Li, Mg, Mn)_3$
$(Al, Cr, Fe, V)_6(BO_3)_3(Si_6O_{18})(OH, F)_4$。
晶体形态: 三方晶系,浑圆三方柱状,
复三方锥柱状。
折 射 率: $1.624 \sim 1.644$
双折射率: $0.018 \sim 0.040$
摩氏硬度: $7 \sim 8$
相对密度: 3.06

　　碧玺是知名度仅次于名贵宝石的著名宝石品种,是所有常见半宝石中价值最高的。它是一种成分相当复杂的硼硅酸盐,矿物名称叫电气石,在受热或摩擦后会产生静电,可以吸附细小的物体。这就是为什么同在柜台里射灯照耀下的各种珠宝首饰中,碧玺总是表面灰尘最多的原因。在民间,碧玺也被称为"愿望石",据说可以帮助主人达成愿望,也能够改善人际关系。

　　碧玺在我国清代曾一度颇为流行,慈禧太后对碧玺喜爱有加,甚至购买了近一吨的碧玺。

　　一些人听说过或者购买过碧玺,并且以为碧玺是水晶的一种,但其实它们是完全不同的两种宝石。碧玺的价值远高于水晶,且近年来在国际市场升值迅猛。个别颜色品种的价格更是直逼高档宝石。相信随着人们宝石知识的积累,碧玺会逐步成为受热捧的对象。

　　碧玺的颜色异常丰富,大概是所有宝石中颜色变化最多的一种,因此它得到"风情万种"的

双色碧玺吊坠

碧玺

rubylite吊坠   rubylite吊坠

雅号。除了各种单一颜色，碧玺还常常出现双色甚至多色，最特别的要数同时出现红色和绿色的西瓜碧玺。优质的双色碧玺目前在国际市场的售价约几百美元/克拉。

在碧玺众多颜色当中，红色一直是大家喜爱的颜色，尤其是那种像红宝石一样纯正的红色，非常受欢迎。这种红宝石色的碧玺在英文中专门有一个词叫rubylite，ruby就是红宝石，而rubylite指的就是那些拥有红宝石一样的红色的碧玺。不过rubylite往往净度不好，有很多的瑕疵甚至裂纹。即使这样，在商业中，rubylite的价格也比那些净度更好但是色调不正的红色碧玺高出不少，目前其国际售价跟净度很好的西瓜碧玺相当。

然而rubylite还不是所有碧玺颜色品种中最为珍贵的。最珍贵的是现在大名鼎鼎的帕拉依巴碧玺。这是一种产自巴西帕拉依巴地区明拉达巴赛哈一带的碧玺，从发现距今也不过20年的历

帕拉依巴碧玺

史。开采者当初并不确切知道自己在寻找什么，只是凭着坚定的信念，深信在帕拉依巴的山丘里一定埋藏着完全与众不同的宝石。历经九年的不懈努力，一种人们从未见过的美丽碧玺晶体从黑暗的矿坑通道带出来。它呈现游泳池般的蓝色，明亮异常，即使很小一粒也能光艳四射。

帕拉依巴碧玺以它独特的美征服了无数见多识广的宝石爱好者，短时间内便声名远播，成为人们竞相收藏的新宠。顶级的帕拉依巴碧玺在国际市场上的售价每克拉可高达数万美金。这个价格可比许多名贵宝石都高出不少呢。

不过正是因为碧玺的颜色异常丰富，有些朋友在市场上只要看到花花绿绿的手链，就以为是碧玺。这可就大错特错了，花花绿绿的东西还有很多，价格差异也非常大。一条碧玺手链至少也要好几百元，质量稍好的便要过千甚至上万，如果你只用了几十元甚至几元买到一条花花绿绿的手链，绝对不可能是碧玺，而可能是下面的某一种哦。

水晶手链

市场价格约几十元至几百元

玛瑙手链

市场价格约为几十元至一两百元

人工锆石手链

市场价格约几元至几十元

萤石手链

市场价格约为几元至几百元

翡翠手链

市场价格约几百元至上千元

石榴石竟然有绿色

石榴石晶簇

石榴石是较为常见的、知名度比较高的一种宝石，因其颜色和形态酷似成熟的石榴籽而得名。石榴石又称紫牙乌，在阿拉伯语中"牙乌"有红宝石之意，它是很好的红宝石替代品，光泽夺目且物美价廉。深红色的石榴石据说可以净化血液，消除愤怒，有效释放负面情绪。

人们通常认为石榴石都是红色的，其实石榴石是个大家族，家族成员众多，颜色非常丰富。

石榴石的化学成分通常可以写为$A_3B_2(SiO_4)_3$，其中A可以是Ca、Mg、Fe、Mn等元素，B可以是Al、Fe、Cr等元素。不同的元素组合就形成不同的石榴石品种，比如A是Mg，B是Al，形成的就是镁铝榴石，$Mg_3Al_2(SiO_4)_3$。

可以作为宝石的石榴石通常分为两个系列，铝系列和钙系列。铝系列包括铁铝榴石、镁铝榴石和锰铝榴石；钙系列包括钙铝榴石、钙铁榴石和钙铬榴石。

铁铝榴石小档案

化学成分：$Fe_3Al_2(SiO_4)_3$

晶体形态：菱形十二面体

折射率：1.790(±0.030)

摩氏硬度：7~8

相对密度：4.05（+0.25，-0.12）

镁铝榴石小档案

化学成分：$Mg_3Al_2(SiO_4)_3$

晶体形态：菱形十二面体

折射率：1.714~1.742，常见1.74

摩氏硬度：7~8

相对密度：3.78（+0.09，-0.16）

锰铝榴石小档案

化学成分：$Mn_3Al_2(SiO_4)_3$

晶体形态：四角三八面体

折射率：1.810(+0.004，-0.020)

摩氏硬度：7~8

相对密度：4.15

锰铝榴石戒指

不同品种的石榴石，其物理性质有所不同，价值差异较大。我们常见的暗红色或玫红色石榴石通常是铁铝榴石或镁铝榴石，这是石榴石中最常见、最便宜的品种。目前市场上所售卖的石榴石手链都是这个品种。

锰铝榴石以橙色、橙红色为主，最优质的颜色是像芬达一样的橙黄色。因为折射率很高，所以切割后光泽非常抢眼，加之颜色鲜艳，锰铝榴石很容易就跻身于中高档宝石的行列。优质的锰铝榴石国际售价约几百至上千美元/克拉，不过相对其他一些宝石品种来说，由于相对密度较大，石榴石属于比较压秤的哦。

很少有人知道石榴石还有价值不菲的绿色品种，绿色石榴石的价格可以达到相同规格红色石榴石的数十倍至上百倍。

钙铝榴石小档案

化学成分：$Ca_3Al_2[SiO_4]_3$

晶体形态：四角三八面体

折射率：1.740(+0.020,−0.010)

摩氏硬度：7~8

相对密度：3.61

翠榴石小档案

化学成分：$Ca_3Fe_2(SiO_4)_3$

晶体形态：四角三八面体

折射率：1.888(+0.007，−0.033)

摩氏硬度：7~8

相对密度：3.84(±0.03)

　　绿色石榴石通常有两种，一种是属于钙铝榴石亚种的沙弗来石（tsavorite）。沙弗来石是含有Cr和V的钙铝榴石，浓艳的绿色赏心悦目，可与祖母绿媲美，同样是不可多得的珍贵宝石。在国际市场上优质的沙弗来石每克拉售价约在数百至上千美元。另一种是属于钙铁榴石亚种的翠榴石。翠榴石是最为贵重的石榴石品种，通常是黄绿色或翠绿色，颜色艳丽且极其稀少。此外，翠榴石的色散值比钻石还高，切割后的火彩效果超强，非常迷人。无论从哪方面来讲，翠榴石都

马尾丝

毫不逊色于那些名贵宝石。目前在国际市场上，优质的翠榴石的价格比沙弗来石还要高出数倍，可达几千美元/克拉。翠榴石中有一种我们称为"马尾丝"的特征包裹体（放射状排列的石棉矿物包裹体），拥有漂亮的"马尾丝"的翠榴石价值更高。

在2011年9月的香港国际珠宝展上，我有幸见到一粒4.54克拉含有完美"马尾丝"的翠榴石，不过价格实在是够吓人，每克拉报价竟然高达16,000美元。更让我没有想到的是，第二天我想再去欣赏一下那颗宝石，居然被告知已经卖出去了。看来，像这样的宝石真是可遇不可求啊！

托帕石的颜色是天然的吗?

托帕石吊坠

　　一次我陪好友在商场珠宝区闲逛时,好友远远就被某品牌橱窗里又大又闪的蓝色托帕石吸引过去了。当她走上前仔细看过标签后,一脸茫然地回头看着我。我以为她会问我托帕石是什么东西,然而出乎我意料,她问的第一个问题却是:"这个颜色是天然的吗?"想想也是,那么硕大通透的宝石,颜色竟能如此浓艳均匀,真是不由得让人产生怀疑。好友的疑问可能也是很多朋友共同的疑问吧。你还别说,托帕石那异常漂亮的蓝色还真就不是天然的呢!

　　托帕石的矿物名称为黄玉,宝石名称是由它的英文名称Topaz直接音译而来,是所有宝石中名字最有异国风情的了。不过由于"黄玉"这个矿物名称,许多消费者误以为托帕石是一种黄色的玉石。其实托帕石是百分之百如假包换的单晶体宝石,绝对不是什么黄色的玉石。矿物学家对矿物的命名有特定的方法和原则,不过我一直很纳闷当初他们为什么起了这么个容易混淆的矿物名称。不管怎样,名称我们是改变不了了,但是你一定要记住,"黄玉"不是玉,而是宝石!

瑞士蓝托帕石吊坠

天空蓝托帕石耳吊

托帕石由于是伟晶岩成因，常常能出现一些颗粒大且品质好的单晶体，加之硬度高，颜色漂亮，价格适中，因此顺理成章成为人们喜爱的宝石品种。在西方人看来，托帕石可以作为护身符佩戴，能辟邪驱魔，使人消除悲哀，增强信心。据说托帕石可改善呼吸道及气管的疾病，平冲及调节淋巴腺机能。用托帕石的粉末泡酒，有治疗气喘、失眠、烧伤和出血等症的功效。

曾经相当长的一段时间里，人们普遍认为托帕石全是黄色的，这也许正是它最终被命名为"黄玉"的原因吧。其实托帕石的颜色很是丰富，不仅有着秋天般迷人的黄色，还有鲜艳的橙黄色、火焰一般的红色、爽朗的天空蓝色和清澈的无色。

天然的红色和黄色的托帕石价格非常昂贵，每克拉的国际售价都在一千美元以上，国内市场上几乎见不到，目前我们能够在市场上见到的托帕石以蓝色为主。蓝色托帕石的色调基本上可以分为三种，商业上分别称为"天空蓝"（sky blue）、"瑞士蓝"（Swiss blue）和"伦敦蓝"（London blue）。"天空蓝"很形象，是一种如天空般的淡淡蓝色。这是真正天然的托帕石的蓝色，但对于大多数消费者来说，天空蓝似乎太过平淡，很难勾起欲望。"瑞士蓝"

饱满浓艳，在三种色调中最是亮丽，也最受欢迎。

"伦敦蓝"色彩同样饱满，只是色调更深，显得深邃悠远，更加稳重，备受中年知性女性的喜爱。

必须指出的是，目前市场上流行的后两种蓝色恰恰不是天然的，而是经过辐照处理和热处理的结果。无论"瑞士蓝"还是"伦敦蓝"，都是由天然无色托帕石先经辐照处理为褐色，然后再加热处理而呈现出蓝色的。这里出现了令人恐怖的字眼——辐照，是不是有点不寒而栗？

其实你也不必过于紧张，辐照的方法还可以细分很多种，有的方法比较安全，有的方法确实会残余一定的放射性，需要放置大约半年以上才能用作饰品。珠宝商也不是要钱不要命的主，他们当然会等到安全的时候才去销售这些石头。更何况宝石从被加工出来，到设计镶嵌，再到批发零售，直到最终到达消费者的手里，这其间的过程也不止半年了，所以你大可不必担心。

不过现在你一定会认为完全天然的"天空蓝"应该是三种蓝色里面最贵的吧？但事实是，改色的"伦敦蓝"的价格比"瑞士蓝"稍高，大约几美元/克拉，但它们都比"天空蓝"贵。难以置信吧？

伦敦蓝托帕石吊坠

什么是"砂金石"?

我们经常能在市场上，尤其是一些旅游景点和小地摊上，看到一种闪闪发光的小石头制品。它们被称为"砂金石"，颜色还五花八门，红砂金、黄砂金、紫砂金、蓝砂金等。这究竟是什么东西呢？

其实这就是一种玻璃，答案或许让你很失望吧。这种玻璃的外观不同于我们通常看到的各种玻璃，是专门被制作出来模仿天然宝石中的砂金效应的，因此称为"砂金石"。

砂金效应是一种由宝石中大量片状包裹体反光而形成的特殊光学效应。宝石中的片状包裹体就好比无数面小镜子，在光线照射下反射光线，使得宝石看起来闪闪发光。日光石中的赤铁矿包体、东陵石中的云母包体和草莓晶中的纤铁矿包体都可以起到这个作用。

如果说宝石中是一些天然片状矿物包裹体在反射光线，那么"砂金石"中又是什么在反射光线呢？普通的玻璃是不会闪闪发光的，要得到这样的效果必须往玻璃中添加一些反光很强的物质，那就是铜。由于掺杂进去的铜片比日光石中的片状矿物包裹体更为细小，且分布均匀，"砂金石"上的闪光效果是很均匀的星星点点的闪光，这种闪光特点完全不同于天然日光石的片状闪光。

"砂金石"的星点状闪光

"砂金石"内部的细小铜片

日光石

日光石内部的片状包裹体

最初，制作"砂金石"仅仅是为了仿日光石，因此通常做成棕红色。随着"砂金石"在市场上的普及，它的颜色也在悄然发生着变化。如今我们可以在市场上见到各种颜色的"砂金石"，它们都是玻璃与铜烧制的结果。不论做成什么颜色，冠以何种名称，都是换汤不换药。"砂金石"特征的均匀星点状闪光足以让你看出它的本质。

特别提醒一下，在市场上淘宝时，任何时候都不要忘了无所不能的玻璃。只有你想不到的，没有玻璃仿不成的。虽然玻璃通常很容易识别，但只要你疏忽大意，就有可能受骗上当哦。

"坦桑蓝宝"是蓝宝石吗？

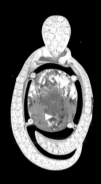

坦桑石吊坠

　　1967年在非洲坦桑尼亚北部城市阿鲁沙附近，世界著名旅游点乞力马扎罗山脚下，一种湛蓝色的美丽宝石首次被发现。据说，闪电点燃了一场草原大火，大火过后，这种本来同其他石头混杂在一起的土黄色的矿石变成了美丽的蓝色。放牛路过此地的马赛游牧民便将这些可爱的蓝色晶体收藏起来。消息传出后，四处寻找新品种的珠宝商便前来打探。1969年，纽约的Tiffany公司以出产国的名字来命名这种新宝石——Tanzanite（坦桑石），并迅速将它推向国际珠宝市场。坦桑石的颜色酷似蓝宝石，而价格相对于同等颜色的蓝宝石来说便宜不少，被认为是最理想的天然蓝宝石替代物，因此市场上也常常称之为"坦桑蓝宝"。在台湾，坦桑石还被称为"丹泉石"。

　　坦桑石当然不是蓝宝石，它除了颜色外观与蓝宝石相似，其他的各种物理性质与蓝宝石都是不同的。

坦桑石小档案

化学成分：Ca$_2$Al$_3$(Si$_2$O$_7$)(SiO$_4$)O(OH)

晶体形态：柱状或板柱状

折射率：1.691～1.700

双折射率：0.008～0.013

摩氏硬度：6.5～7

相对密度：3.35

影片《泰坦尼克号》中露丝佩戴的"海洋之星"其实就是坦桑石，当然"海洋之星"的现实原型是蓝钻"希望"。

在欧美国家，坦桑石非常流行，一方面，Tiffany的持续推捧引导了消费；另一方面，坦桑石的颜色漂亮，内部洁净，相对蓝宝石而言粒度更大，这些都使它赢得了人们的青睐。而在中国，尽管很多人都通过《泰坦尼克号》认识了"海洋之星"，但在2011年之前，知道坦桑石的人寥寥无几。

2011年，英国威廉王子与凯特王妃的世纪婚礼举世瞩目，随着已故戴安娜王妃重达18克拉的蓝宝石戒指戴在凯特王妃手上，新一轮全球蓝宝石热潮被掀起。不少国内消费者在购买蓝宝石时遇到非常纠结的问题：买得起的，太小，不起眼；够起眼的，太贵，买不起。而且像凯特王妃订婚戒指那样的十几克拉的高品质蓝宝石更是可遇不可求，有钱都难买到。因此，一些独具眼光的女士开始将目光转向同样漂亮但价格相对较低的坦桑石，坦桑石的名字也被越来越多的国内消费者所了解。

坦桑石不仅是当今国际珠宝市场最流行的彩色宝石品种之一，同时也因为其出众的品质和唯一的产地被许多业界专家学者看好，被认为是最具投资潜力的宝石品种之一。

相对于蓝宝石而言，坦桑石的粒度较大，投资至少应选择10克拉以上的。近年来，坦桑石的国际售价持续上涨，目前优质坦桑石每克拉的国际售价为300～600美元。

第三章

全方位了解水晶

我们不止一次在充满魔幻色彩的影视作品里看到，吉卜赛女巫手里魔力无边的水晶球不但能追溯过去，还能够预知未来，实在令人神往。在现实生活中，也许没有几个人会真的相信水晶具有穿越时空的魔力，但是几乎所有人又都愿意相信它拥有着某种神奇的力量。

最近几年，水晶饰品以一种超乎想象的速度在所有的职场女性和青年学生之间广泛流行，甚至不少男性也被这股水晶热潮所席卷。几乎每个年轻人手上都戴着一条或多条水晶手链，但究竟什么是水晶，却少有人能答清楚。

很多人以为水晶就是半宝石，或把所有的半宝石都叫做水晶。错！

还有人将水晶与晶体等同起来。也错！

其实水晶只是众多宝石品种里面的一种，其化学成分是SiO_2。说水晶是晶体没错，但不能说晶体就是水晶，它们是级别不同的概念哦。自然界中绝大部分的固体都是晶体，但天然晶体中只有那些美观、稀少、耐久兼备的优秀分子才能称为宝石，比如碧玺、托帕石、橄榄石等这些都是宝石。不同宝石晶体具有不同的化学成分，只有化学成分是SiO_2的宝石晶体才能叫做水晶。

水晶和晶体的意义是完全不同的。在中文里，这两个词虽然有点像，至少还有一字之差。然而在英文中，它们却是同一个词——crystal。这就难怪很多人会将水晶和晶体混为一谈了。

中央电视台科教频道曾经播放过一个关于合成宝石晶体的译制节目，在这个节目里，翻译将所有的crystal全部译为"水晶"，因此出现了"红宝石水晶"、"祖母绿水晶"这样的词汇。很显然，这位翻译缺少这方面的专业知识，不知道crystal还有"晶体"的意思，才会将合成出来的"红宝石晶体"翻译成"红宝石水晶"。但不管怎么说，这样的硬伤出现在中央台的科教节目里，还是让我感到惊讶，同时也让我意识到自己有责任向大众普及一些基本的珠宝知识。

常见水晶品种

水晶

矿物名称：石英

化学成分：SiO_2

晶体形态：三方晶系、六方柱和六方双锥

折射率：1.544~1.553

双折射率：0.009

摩氏硬度：7

相对密度：2.65

　　也许是水晶球给人们的印象过于深刻，很多人认为水晶都是无色的，其实除了无色，它还有很丰富的颜色和品种。无论是什么颜色什么品种的水晶，其化学成分、晶体结构还有物理性质都是相同的。

纯洁无瑕的白水晶

水晶手链

"白幽灵"水晶吊坠

　　白水晶是最常见的一种水晶，无色透明，最是纯洁。白水晶以完全无色者为佳，那些看似无色，实则带有淡淡灰、褐或黄色调的水晶，颜色并不理想。白水晶内部往往十分洁净，很多时候会让人误以为是玻璃。

　　水晶在我们的心中是纯洁无瑕的象征，因此我们会很自然地排斥水晶里面的各种瑕疵。但有些时候，白水晶里面的瑕疵却是以一种让人难以置信的方式排列，呈现出类似金字塔形状的幻影，为白水晶平添了几分魔幻的色彩，同时也让我们更加佩服自然界的鬼斧神工。市场上将这样的白水晶称为"白幽灵"、"异象水晶"或者"幻影水晶"。这类水晶，别看它内部有瑕疵，市场价格还高于那些里面什么都没有、完全无瑕的白水晶呢。

神秘浪漫的紫水晶

紫晶戒面

紫晶吊坠

　　紫色的水晶称为紫晶，可为各种不同深浅的紫色，色调有的偏红，有的偏蓝，以偏红者居多。天然紫晶往往呈现平行带状或者团块状的不均匀的颜色，内部常有絮状的小裂纹。不论何种色调，只要内部洁净，颜色饱满均匀，就是紫晶中的上品。

富贵吉祥的黄水晶

黄晶貔貅

　　黄色的水晶称为黄晶，颜色主要有金黄和柠檬黄。柠檬黄色的黄晶商业上也常称为"柠檬晶"，其价值不如金黄色的黄晶。天然黄晶与紫晶一样，颜色通常不均匀，常常可以看见色团或者色带。

　　对于紫晶和黄晶，我们选择的时候可能会有点思想矛盾。一方面，从追求品质的角度来讲，我们当然希望颜色越均匀越好；但从鉴定的角度来讲，色带、色团造成的颜色不均匀恰恰是能够证明它们天然性的一个关键证据。看到这里你是否有点纠结呢？没办法，人生本来就是由许多纠结的事情组成的呀。你必须在纠结中学会取舍，只要把握好度，相信对于精明的你来说抉择并不是难事。

黄晶吊坠

深沉稳重的烟晶

烟晶手链

　　烟晶可以具有深浅不同的各种褐色调，由于颜色酷似浓浓香茶，市场上也俗称它为"茶晶"。烟晶色彩深沉厚重，是非常适合男士佩戴的水晶品种。烟晶通常都很洁净且颜色均匀，挑选的时候只要颜色浓淡适中、透亮就好。

灵魂伴侣芙蓉石

星光芙蓉石戒面

    芙蓉石是粉色的水晶，商业上也称为"粉晶"。其颜色粉嫩，被认为是女性专属的水晶。近几年，市场上一些采用玫瑰金豪华镶嵌的芙蓉石首饰很受年轻白领的青睐。

    相比其他水晶品种，芙蓉石的透明度不算太好，这是因为其内部常常含有非常多极其细小的针状矿物，这些矿物的存在使得一部分芙蓉石具有星光效应。芙蓉石是众多水晶品种中唯一一个经常出现星光效应的品种。顶级的星光芙蓉石粒度大，颜色浓，星线完美，没有任何裂纹，价格约为15美元/克拉。

芙蓉石吊坠

财智兼备的紫黄晶

紫黄晶

虽然全世界80%的水晶都产自巴西，但紫黄晶却是一种只在玻利维亚出产的特殊水晶。

紫黄晶，即在同一块水晶上，同时具有漂亮的紫色和黄色。紫黄晶的颜色分界明显，有时甚至是截然分开的两种色彩，十分独特。由于产地单一，紫黄晶的价格在所有水晶中也是名列前茅的，目前国际售价大约10~20美元/克拉。

紫黄晶吊坠

清新怡人的绿水晶

绿水晶

　　绿水晶是整体呈现淡绿色的水晶，颜色清新淡雅，是文人雅士喜爱的水晶类型。天然的绿水晶极为少见，目前市场上的绿水晶绝大部分是由白水晶人工改色的产品。改色方法并非简单的染色，"做"出来的颜色非常稳定，不易褪去。

鬼佬财神绿幽灵

绿幽灵聚宝盆

绿幽灵金字塔

绿幽灵千层山

　　绿幽灵并非绿水晶，而是指那些内部呈现出如云雾、水草、漩涡甚至金字塔般天然异象的白水晶。这些异象是因为白水晶内部包含较多的绿色绿泥石杂质所致。

　　绿幽灵中的绿色杂质如果一层一层间隔排列，呈现类似三角形金字塔的形状，商业上将具有这种异象的绿幽灵形象地称为"金字塔"或者"千层山"。这是绿幽灵中价值最高的品种，以绿色越多、层数越多、越接近金字塔形状越好。如果绿色杂质排列比较密集，在每粒水晶珠子中形成一半绿色一半无色时，便成为另一种特殊的品种——"聚宝盆"，其价值略逊于"金字塔"。

家族新贵草莓晶

草莓晶

近几年，市场上出现了一种备受买家追捧的全新水晶品种，名为草莓晶。草莓晶又叫"玫瑰晶"，有点类似于绿幽灵，草莓晶也是因为白水晶中包含了大量有色的矿物包裹体，从而呈现出清润的色彩。所不同的是，草莓晶里包含的矿物不是绿泥石，而是片状的红色或红褐色纤铁矿。其外观颇似草莓，因此得名。港台地区常以"草莓"的英文strawberry的音译称其为"士多啤梨水晶"。

目前草莓晶的产地少有明确的文献报道，有的说产于俄罗斯乌拉尔山长年冰封的地下，也有的说产于哈萨克斯坦与乌兹别克斯坦交界4000米海拔高度的山上。但无论是哪种说法，都称其产量极低且晶体细小。

草莓晶备受追捧，一方面是因为它的颜色浓淡适宜，在阳光照耀下，内部的纤铁矿闪闪发光，甚是迷人；另一方面，作为新品种，人们相信它是一种产量稀少有升值空间的珍贵水晶。

千变万化的发晶

铜发吊坠

发晶是指含有各种针状包体的水晶，因其包体形如发丝而得名。水晶中所含的"发丝"其实就是不同的矿物，比如金色的是金红石，黑色的是电气石等等。根据"发丝"颜色不同，发晶又可分为金发晶、红发晶（具有铜红色发丝的商业上也称为"铜发"）、黑发晶等若干品种。

其中，金发晶（也称维纳斯发晶）因其金色的"发丝"酷似维纳斯一头柔软的金发而备受人们喜爱，是发晶中的上品。金色的发丝是金红石矿物，金红石的化学成分是二氧化钛，因此，当这种"发丝"比较粗大时，人们干脆将其称为钛晶。钛晶是所有发晶里面价值最高的品种。

发晶还有另外一个著名的变种——兔毛。兔毛其实就是"发丝"非常细小的发晶，其内部

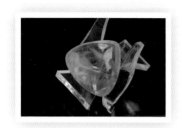

金发晶吊坠

钛晶戒面

铜发戒面

"发丝"十分细密，看起来更像茸茸的兔毛，因此而得名。同样根据内含物的颜色，兔毛又分为红兔毛、黄兔毛、白兔毛等品种，其中最受人喜爱的是红兔毛。

按照2010年9月发布的最新珠宝玉石名称国家标准（GB/T16552—2010），只有水晶、紫晶、黄晶、烟晶、绿水晶、芙蓉石和发晶才是正确的名称。所以你必须明白，除了这七种"正确"的名称外，其他任何的通俗名称都是非国家规范的。不论是绿幽灵还是紫黄晶，到正规检测机构鉴定时，名称都只能叫做"水晶"。

红兔毛手链

什么样的水晶最好？

    作为一种古老的宝石以及其在珠宝文化中的地位，水晶广泛受到人们的喜爱。虽然人们购买水晶的目的各不相同，有纯粹装饰的，有倚重功效的，甚至有盲目跟风的，但不论是谁，不论是出于什么目的，都希望自己能够挑选到"好"的水晶。

    我常常被问到诸如"什么样的水晶最好"之类的问题，水晶好不好似乎是大家最关心的问题之一。在我看来，所谓的"好"应该包括两层含义：首先应该是品种好，通俗地讲就是要稀少；其次是品质好，也就是说看相要好。

    通常情况下，水晶的价值是其品质的客观体现。我们评价宝石的品质需要考虑颜色、净度、切工、重量和透明度五个方面，水晶也不例外。不过决定水晶价值的首先是水晶本身的品种。虽然各种水晶的化学成分、物理性质、晶体结构完全相同，但物以稀为贵，相对稀少的品种自然比其他品种要值钱，也就更"好"了。

    从颜色上说，紫黄晶比其他品种都要值钱，其次是金黄色的黄晶，往后是绿水晶、柠檬晶、芙蓉石、紫晶、烟晶等，最后是无色的白水晶。选购水晶时，挑选颜色纯正浓艳、瑕疵少、透明

发晶猫眼吊坠

金发晶戒面

度好的为佳。除了紫黄晶，应尽量挑选颜色均匀，没有色带或色团的。但如果色带特别清晰，使水晶看起来别有特色的话，也未尝不是好的选择。

从包裹体上说，钛晶无疑是最值钱的品种，其次是金发晶、绿幽灵和草莓晶。在发晶中，发丝排列整齐的称为"顺发"，因为有"顺利发财"的好彩头，且能够产生猫眼效应，所以顺发比发丝杂乱的发晶更值钱。挑选这类水晶时，发晶中的发丝以及绿幽灵和草莓晶中的矿物包体应该多而均匀，尽量避免棉、裂等其他瑕疵，以晶体通透、发丝或者异象清晰的为好。

重量在五个评价因素中应该最后考虑，当其他方面条件都相当时，重量越大的就越贵了。这并不意味着越贵就越好。就拿水晶手链来说，在水晶批发市场上，它们往往是按重量出售的。所以同等级别的男士手链比女士手链要贵得多，这完全是压秤的缘故，并非品质有多大差别。甚至品质、看相较差的男士手链的价格会高于品质较好的女士手链。所以在挑选时，不能只凭借价格来判断好坏。手链的大小必须要与你自己的身材相匹配，在这个前提下尽量挑选重量大的才是比较明智的做法。

在切工、重量等其他因素相当的情况下，品评水晶好坏可以参照下表：

分类标准		水晶品种价值高低排序	评选要素
按颜色分类		紫黄晶	以颜色纯正浓艳、瑕疵少、透明度好的为佳；除了紫黄晶，应尽量避免色带或色团 有特殊光学效应的价值高于同品种没有特殊效果的，特殊效果应明显、清晰
		黄晶	
		绿水晶	
		柠檬晶	
		芙蓉石	
		紫晶	
		烟晶	
		白水晶	
按包体分类	发晶	钛晶	发丝应多而均匀，以"顺发"为佳；尽量避免发丝以外的其他瑕疵，如棉、裂等，以晶体通透为佳
		金发晶	
		铜发晶	
		红兔毛	
		杂发晶	
	异象水晶	金字塔	幻象应清晰，整体分布均匀；尽量避免幻象以外的其他瑕疵，如棉、裂等，以晶体通透为佳
		千层山	
		聚宝盆	
		绿幽灵	
		白幽灵	

注：价格排序仅供参考，尤其是发晶和异象水晶，价格受包体影响较大，需综合考虑。

隐晶质水晶不是水晶

虎睛石

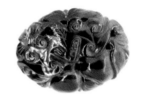

鹰睛石

　　有一些石头，它们的成分也是SiO_2，但它们并不是水晶，而是隐晶质水晶。

　　要搞清楚"隐晶质"的概念不是简单的事情，需要了解一些矿物学和结晶学的知识，本书在此不做详细解释。不过你需要明确的是，隐晶质水晶虽然化学成分也是SiO_2，但是其结构与水晶已经大不相同，所以从严格意义上来说不是水晶而是玉石。

　　隐晶质水晶在专业领域被称为"石英质玉石"，包括虎睛石、鹰睛石、玛瑙、玉髓、黄龙玉等。我们熟知的天珠其实就是一种玛瑙，属于石英质玉石的范畴。

　　多数石英质玉石价格较低，但是近几年新发现的黄龙玉可谓石英质玉石大家族的新贵，高档黄龙玉的市场价格直逼高档翡翠。不过由于业界对黄龙玉的争议之声颇多，未来市场前景还尚难预料。

玛瑙

绿玉髓

黄龙玉

了解仿水晶

在影楼拍过照片的朋友可能都有影楼赠送的"水晶相框"吧？你是否真的相信那就是水晶呢？我虽然不确定那些相框的确切材质，但我可以负责任的告诉你，它们都是仿水晶。

仿水晶，顾名思义，一定不是真正的水晶了，它是水晶仿制品的统称。可以用来仿制水晶的东西五花八门，应该说你能想到的任何一个透明的东西都可以拿来仿制水晶，这其中包括了其他各种透明的宝石和透明的人工材料。仿是都能仿，至于仿得像不像，那是另一回事。不过我们总是会很自然地将"仿"与假冒伪劣联系在一起，而且也没有人会傻到用钻石冒充水晶来出售。因此，很重要的一个事实是，仿水晶材料的价格一定比天然水晶便宜。那么，最理想的仿水晶材料无疑就是玻璃了。

如果商家告诉你他卖的是"仿水晶"，这相当于已经明确告诉你两个事实：第一，不是水晶；第二，极有可能是玻璃或者有机玻璃。

如何鉴别真假水晶球？

水晶球虽然不能直接佩戴在身上，但是人们仍然非常喜爱它。很多人愿意在家里摆放水晶球，他们相信水晶球有比任何水晶都强大的神奇功能，能驱邪镇宅保平安，也期待着某一天能透过水晶球看到一些神奇的事情。

我家也有一个小小的水晶球，倒不是为了镇宅，当初购买它完全是出于好玩的心态。闲来无事时，我喜欢把它捧在手心，细细端详。时间越久我越是喜欢它，每次我都能够被里面奇妙的景象深深吸引，仿佛看见了整个宇宙，浮想联翩，好像水晶球真的有种魔力在召唤我。

现在市场上售卖的水晶球鱼龙混杂，究竟怎样才能鉴别水晶球的真假呢？我这里有个简单易行、快速有效的方法，大家不妨一试。

想要知道水晶球是真是假，只需将水晶球放在报纸或者有任何记号的白纸上，透过水晶球去观察下面的字迹或者记号。如果出现重影，恭喜你，可以放心啦；如果没有重影，要小心，应该是玻璃。水晶球越大，这个方法越准确。

这种方法的原理解释起来有一点复杂，所以我在此不做很详细的讲解。其实你无须搞懂原理，只要记住这个方法，相信总能派上用场。

我们最怕买到的假水晶球其实无非是玻璃球。玻璃球除了上面讲到的透过去看不到重影，还有一个很容易识别的标志——气泡。如果你的水晶球里面有一个个圆圆的气泡，那肯定是假货了。

宝石中的气泡

北京国家地质博物馆的矿物宝石馆里就有一个教你识别真假水晶球的展位。展柜背后的白板上画了一条黑线，前面是两个超大的球，一个是真的水晶球，一个是玻璃球。本来这个展示的目的就是让大家通过看重影来区分真假的，可惜那个玻璃球中间赫然两个很大的气泡，你不用看重影就已经知道哪个是假的了。

水晶及其他宝石里也会有貌似气泡的包裹体，这个可就需要你仔细区分了。通常情况下，气泡看起来是标准的"球"形，且边界较黑，中心较亮；而天然宝石中的晶体通常棱角分明，即使棱角圆滑也几乎不可能是标准球形。一旦确定宝石中含有气泡，基本上它跟"天然"二字就没什么关系了。因此气泡对于宝石来说是很严重的指控，必须要看清楚，特别要与天然宝石中的晶体包裹体区分开。

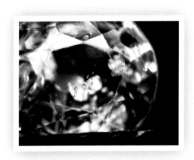

宝石中的浑圆晶体

不过你一定要记住，气泡是玻璃加工中可以避免的。也就是说，不是每个玻璃球都一定有气泡，而玻璃球没有重影则是无论如何也改变不了的哦。

施华洛世奇水晶并非天然水晶

说到水晶，你也许会想到施华洛世奇。毫无疑问，这个名字在很多人心中代表了水晶的品质。

当一百多年前，丹尼尔·施华洛世奇开始以完美的切割揭示水晶的美态时，他绝对料想不到自己会掀起一股源源不绝的时尚之风。时至今日，几乎没有人不知道这个世界顶级的珠宝品牌。它那富有创意和美感的标志给人们留下深刻的印象。在许多人心中，天鹅是纯洁、力量和神圣不可侵犯的象征。当看到一只姿态优雅的天鹅在"SWAROVSKI"字样上垂首冥想时，人们心底最纯洁的渴望被彻底唤起。

尤其是处在恋爱季节的少男少女们，几乎没有人不爱施华洛世奇。钻石太过奢华，珠宝太过贵气，只有施华洛世奇纯粹的清透最适合这个纯真的年代。它好看，价格可以接受，而且其品牌、工艺也能够挣足面子，没有理由不喜欢啊。

但是施华洛世奇水晶其实并非天然水晶，而是仿水晶。更明白地说，就是玻璃！施华洛世奇事实上已经成为仿水晶的代名词。

　　这也许对很多渴望拥有施华洛世奇水晶的美女来说是个沉重的打击，亦或许会让那些已经拥有施华洛世奇水晶的美女觉得上当受骗。千万不要有这样的想法，即使它不是天然的水晶，依然值得你为它骄傲。

　　施华洛世奇水晶的璀璨亮丽是高度精确的结果。其切割工艺精湛绝伦，每一个刻面都切割得清脆利落，平滑而无丝毫细纹。就像可口可乐守护着配方"X"一样，施华洛世奇百年如一日的守护着精湛工艺的秘密，使其制品在纯净清透中更有一丝神秘的气质。施华洛世奇至今仍然保持着家族经营方式，独揽着多个切割专利。

　　施华洛世奇不仅仅是仿水晶的代名词，更是一种文化象征。它具有一种无法替代的价值，那就是——情趣。它纯洁清澈、卓尔不群、纤尘不染、质地坚硬、创意无穷，集美丽、优雅于一身，极大突显了当今女性的时尚感。它不但被普通消费者追捧，也经常出现在奥斯卡这样的盛大典礼上。似乎没有人在意它只是仿水晶制品，因为仅仅"施华洛世奇"这个名字，就已经足够奢华。

巴西水晶是最好的吗？

宝石，作为一种特殊的矿物，不是在任何地方都能够产出，也没有哪一个地方可以产出所有的宝石。每种宝石总有它相对固定的一些产地，其中不乏一些非常著名的产地，比如南非出钻石，泰国出红宝石，哥伦比亚出祖母绿，巴西出水晶，等等。

人们总会不自觉地将这些著名的产地与宝石的品质联系起来。宝石的品质和产地之间究竟有怎样的关系呢？

常常有朋友托我给她们买水晶，不同的人要求当然各不相同，但我发现也有共同点，那就是大家都会强调一点——要巴西水晶。难道巴西水晶真的就与众不同，品质超群吗？

其实这是一个很普遍的认识误区，完全是偏见，毫无道理。

水晶的生长环境，平心而论，对于地球来说并不算苛刻。只要有含丰富二氧化硅的地下水，温度500℃～600℃，有两至三倍的大气压力，水晶就可以结晶生长了。全世界各地都有水晶产出，即便是台湾这样的弹丸之地，也可以产出水晶。

巴西之所以著名，是因为它是全世界最大的水晶产出国，全球80%的水晶类宝石都产在巴西。

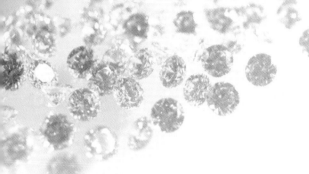

除了水晶，巴西还产出全球70%的海蓝宝石、90%的托帕石、超过50%的碧玺以及数量惊人的金绿宝石等众多宝石。巴西之所以在全球宝石界闻名遐迩，是因为那里产出的宝石品种丰富，产量巨大。正如我们都知道"质"和"量"是两码事，宝石的产量大与品质好之间并没有必然的关系。

我国的水晶之都江苏东海，虽然国际知名度没有巴西高，其实当地也不乏品质极佳的水晶产出。

在商业评级中，评价任何一颗宝石的品质都是从颜色、净度、切工、重量、透明度这几个方面来进行的，其中并没有包括产地。这个事实，很清楚地说明了宝石的产地与品质之间没有直接的关系。

请记住，任何宝石的品质评价都不依赖于产地。而且，绝大部分情况下，宝石的产地根本无从得知。当宝石从矿区出来，流通到市场上以后，人们是没有办法判定它们最初的出处的。对于水晶，如果你询问产地，商家会很乐意回答出你期望听到的答案——巴西。同时，购买宝石时，你如果重点关注产地而非品质，就严重露怯了，相当于告诉商家"可以随便忽悠"。

水晶真的有神奇功效吗？

　　天然矿石的各种功效之说由来已久，比如古代中医的"砭石"，道家的"药石"、"炼丹"等。水晶，作为一种天然矿物，人们对其功效寄予厚望，北美印第安人很早就有水晶疗法，吉卜赛人用水晶进行占卜。现代各种水晶功效论依旧很流行，如绿幽灵招财，白水晶驱邪，等等，很多人对此深信不疑，也有不少人对此不屑一顾。

　　水晶真有这么多神奇的功效吗？其实任何功效之说都没有得到科学的证实，也缺乏科学的依据。这只是人们对水晶所寄予的美好愿望，并非科学。比如有人说，人的能量可与水晶的能量交流，可以使水晶越来越漂亮，甚至裂隙消失、颜色增长，这纯粹是无稽之谈。还有人因为水晶具有压电性（材料中一种机械能与电能互换的现象），称利用水晶产生的振荡频率，配合人体磁场，可以达到改变人的心智、体能等效果，这也未免有点危言耸听、言过其实。

　　如果实在要说水晶有何功效的话，我个人认为，对于那些深信水晶功效的人来说，心理功效还是很强的。正所谓"信则灵"，心理学已经能够证明强大的心理暗示对于人的情绪和疾病的治疗都是有作用的。

虽然没有得到科学的证实，但将水晶功效说还有各种占星术与封建迷信等同起来，未免有点过于偏激。有位物理学家做过一个实验，分析太阳系行星的位置对水会产生什么样的影响。他将几种不同的金属物质分别放入水中，观察当行星走到特定位置时，含有何种金属的水会被吸附到吸水纸上。结果发现，当土星强烈影响地球时，只有含铅的水会被吸附到吸水纸上，而含有铜、铁、银等其他矿物质的水则没有任何变化。从这个结果可以推测，土星似乎和铅有着息息相关的联系。而这个结果却与几千年前古代印度占星家提出的行星改运对照表不谋而合。这仅仅只是巧合，还是真如爱因斯坦所说："当科学家们在科学的山峰上攀登了几百年到达山顶的时候，发现形而上学家已经在上面等了他们好几个世纪了。"

水晶的各种功效之说已经成为日益流行的水晶文化不可或缺的组成部分。正如不相信上帝，但仍然应该尊重基督教徒的信仰一样，我并不相信水晶所谓的神奇功效，但仍然欣然接受这种文化现象的存在。想想中医的经络之说，即使在医学高度发达的今天，尚未能定性、定量、数据化地证明它，但它的存在却是不争的事实。

或许未来的某一天，科学更加发达，测量仪器更为先进，水晶宝石的某种功效得到证实也未可知。毕竟人类的文明历史相对于水晶的生长历史来说太微不足道，也许我们对于水晶的了解还仅仅只是冰山一角。面对目前市场上流行的对各种水晶灵性功能的记述，相信的朋友自不必说，不信的朋友也不必一味地否定排斥，权当了解一下水晶文化吧。

佩戴水晶有禁忌吗？

现在很多朋友已经不满足于佩戴一条水晶手链，而是喜欢同时佩戴多条手链，既时尚，又有个性。

对于这样的佩戴方式，有些朋友不禁担心，这么多水晶放在一起，会不会有什么副作用，或者功效会不会相互抵消呢？究竟佩戴水晶有没有什么禁忌呢？

其实我个人并不十分迷信水晶的功效，但也听说过佩戴水晶有个原则，叫做"左进右出"。举例来说，比如黄晶的寓意是财富，那么就应该戴在左手；而茶晶是驱除邪气的，就应该戴在右手。如果是左撇子则正好反过来。不过平日里佩戴手链，没有必要刻意去遵循这个原则。大部分习惯用右手的朋友都喜欢将手链戴在左手上，因为这样不妨碍右手写字，比较舒适。

有的朋友担心自己每天佩戴水晶，会把水晶的能量吸光。在我看来，这完全是杞人忧天。且不说水晶是否真的有能量，即便真的有能量，能量也一定来源于宇宙万物中。那么，在你吸收水晶能量的同时，水晶也无时无刻不在吸收宇宙间的能量啊，试问你怎么可能将它的能量吸光呢？

还有的朋友担心同时戴多条手链，手链之间会相互磨损，如果戴的多条是不同品种的水晶手链，其硬度是相同的，不存在磨损的问题；如果佩戴的是不同宝石品种的手链，材料的硬度固然有差别，但手链通常都是圆珠，因而也不会有严重的磨损，大可不必担心。

至于水晶是否会功效相抵，这个还是有些讲究的。通常认为有些颜色的水晶或宝石是不适合同时佩戴的，比如红色和蓝色、橙色和蓝紫色、黄色和紫色、粉色和绿色等，它们如果同时佩戴就可能造成能量相消、功效相抵的不良效果。对于有所禁忌的东西，不管你是否相信，也没有必要故意去犯忌。比如按照佛教说法，进庙门时踩门槛不吉利，门槛必须一步跨过去，表示跨过一道坎。我虽然不是佛教徒，但旅游经过名刹，每次过门槛我绝对不会故意去干踩门槛这样的所谓不吉利的事情。佩戴水晶也是一样，即使你并不相信水晶的各种功效，也没有必要刻意将两个互相抵触的颜色搭配在一起。

当然了，如果你确实喜欢将所谓抵触的颜色搭配在一起佩戴，也没什么可担心的。大不了没有功效，纯当装饰呗。只要自己觉得漂亮，戴着心情好，怎么佩戴都行。心情愉悦就是最大的效果！

水晶的颜色会越戴越浅吗?

不知道你有没有遇到过这样的商家，在出售水晶时，宣称水晶中的能量会被人体逐步吸收，因此水晶的颜色会随着佩戴的时间的增加而变浅。这绝对是奸商，千万不要相信这样的鬼话。

确有极小一部分天然宝石由于结构的原因，受阳光照射时间久了会有退色的现象，比如水晶中的芙蓉石。但是除了芙蓉石，其他任何品种的水晶，以及绝大部分的宝石，都是在自然界历经千万年岁月才形成的瑰宝。它们的颜色非常稳定，绝不可能被人们短暂的佩戴吸收掉。即使世代相传，人们佩戴水晶的那点儿时间，相对于水晶在地球上存在的时间，都是可以忽略不计的。

除了芙蓉石，天然的水晶颜色绝不可能越戴越浅，如果你发现你的水晶颜色变浅了，唯一的可能是，水晶的颜色原本就不是天然形成的。如果颜色不是天然的，那是怎么形成的呢？褪色只可能是染的结果。由于无色的水晶价格相对较低，奸商们于是将它们染成价格相对较高的黄色或其他颜色来出售。染在水晶表面的颜色很不稳定，染料会随着佩戴时间的增长而慢慢掉落，自然水晶的颜色就变浅了。

如果你对水晶的颜色有所怀疑，不妨用下面的方法检验一下：用棉签蘸取少许酒精或者丙酮

染色的黄晶通过酒精擦拭后，棉签上出现黄色

（日常生活中可用无色指甲油替代），轻轻擦拭水晶表面，如果水晶是染色的，通常都会褪色而在棉签上留下相应的颜色。这个方法也适用于其它任何染色的宝石哦。如果你的水晶通过了这个测试，而你仍然觉得颜色变浅了，那就只能是你的心理作用了。

水晶的投资价值

水晶内的方解石晶体

　　作为宝石，平心而论，水晶的投资价值的确不如那些名贵宝石。但如果要论晶体本身，水晶的观赏价值比一般观赏石的观赏价值要高，因为几乎没有哪一种宝石晶体能像水晶晶体那样体形硕大、清澈透明、内涵丰富。因此，水晶的观赏价值是不能简单地与其他宝石或其他奇石相提并论的。有人甚至认为水晶的观赏价值是其他宝石无法比拟的，盛赞其是真正的"立体的画，无声的诗"。

　　目前水晶投资主要是以水晶观赏石或水晶奇石为主。水晶晶体是呈几何形态的柱状，由六方柱、六方双锥构成宝塔一样的外观，给人一种神秘莫测的感觉。若众多的单晶体生长在同一块基岩上便成为晶簇，错落有致、雅而不俗、俏而不媚，能令观赏者有身临千山万壑、心旷神怡、流连忘返之感。

　　水晶与自然界数十种矿物和谐共生，如方解石、萤石、电气石、长石等，形成的各种不同色彩搭配以及造型无不让人惊叹自然界鬼斧神工的魅力，让人回味无穷。

　　水晶内部应有尽有，几乎可以包含任何自然矿物，真可谓"大肚能容天下石"，大千世界尽

晶中晶

在其中。难怪矿物学家赵松龄先生说："水晶体内有一个奇妙的矿物世界，是一个丰富多彩的矿物博物馆。"

　　自然界这些石头与石头的巧妙共生，讲的是石缘；社会上人与人的相处，讲的是人缘。在如今这个构建和谐社会的时代，我们是否也能从水晶身上学到点什么呢？试想一下，如果人类都具有水晶这般的大度，何愁世界不能大同！

　　目前，我国收藏投资大热，可谓进入了全民收藏的时代。收藏门类大到家具、石碑，小到邮票、纪念章，五花八门。矿物晶体作为不可多得的自然艺术杰作，其价值逐渐被人们认识，正在成为收藏界的新宠，但是，市场对水晶观赏价值的认可度还远远不够。我个人认为，目前阶段投资水晶，短期投资回报可能不高，不过放眼未来，好的水晶晶体或水晶奇石应该会有不错的投资回报。

第四章

宝石消费新理念

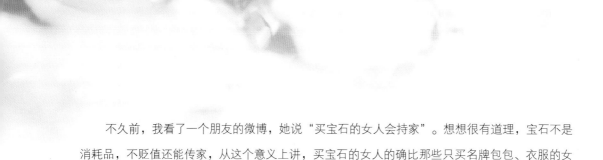

　　不久前，我看了一个朋友的微博，她说"买宝石的女人会持家"。想想很有道理，宝石不是消耗品，不贬值还能传家，从这个意义上讲，买宝石的女人的确比那些只买名牌包包、衣服的女人更会持家。

　　我们学习积累这么多的珠宝知识，最终的目的不就是为了更好更理性地消费吗？在正式杀入市场消费前，摒弃错误的消费观念，建立一些新的消费理念十分必要。

加热对宝石的品质有影响吗？

正如很多人担心的那样，现在市场上很多宝石都经过了加热处理，我很理解消费者难以接受自己的宝石曾经过处理的事实。在绝大部分消费者看来，宝石经过了处理，就丧失了它的天然性，因此品质必然受到影响。果真如此吗？先来了解一下"处理"的概念，也许你的想法就会发生改变。

按照国家标准，除了对宝石切割、抛光之外，任何改善宝石外观的人为手段都属于优化处理。不过"优化"和"处理"是两个不同的概念，"优化"是指那些广泛被认可接受的改善外观的方法，在商业交易中可以不说明，仍视为天然；"处理"则不同，是指那些不能够被接受的改善外观的方法，在商业交易中必须明确说明，否则就属于欺诈。

加热的确可以改善宝石的外观，但按照国家标准，所有对宝石的热处理都属于优化，是不需要特别说明的，仍将其视为天然宝石。

宝石名称	热处理的效果
红宝石	改善外观
蓝宝石	改善外观
绿柱石	改善颜色
海蓝宝石	改善颜色
碧玺	改善颜色
锆石	改善或改变颜色
托帕石	改善或改变颜色
石榴石	改善颜色
水晶	改善或改变颜色
翡翠	改善或改变颜色
玛瑙	产生鲜艳颜色
琥珀	加深颜色

市场上绝大部分的红宝石和蓝宝石都经过加热，热处理几乎不会在宝石上留有任何证据，难以被证明。热处理除了改善颜色，对宝石没有其他损伤，也没有其他物质被带入宝石，且产生的颜色通常很稳定，不会随着时间推移而褪去。所以，不要再对某个宝石是否经过加热的问题纠缠不清，你现在已经知道，热处理并不会影响宝石的品质，只会让宝石的颜色更加迷人。

不过如果是做投资，情况可能会稍微复杂一点，我将在本书后面的章节详细告诉你投资需要注意的问题。

宝石会有辐射吗？

CZ颜色鲜艳，火彩强，没有重影

　　"辐射"是让很多人闻之色变的字眼。市场上流传着不少关于宝石有辐射的传言，让很多人对宝石望而却步。宝石真的会有辐射吗？

　　在常见的天然宝石中，只有天然锆石可能含有放射性元素，其他所有天然宝石都不含放射性元素，不可能会有辐射。

　　你也许会疑惑，锆石不都是人造的吗，怎么还有天然的呢？其实这是流传相当广泛的一个误区。通常市场上说的"锆石"的确是人造的，学名应该叫做"合成立方氧化锆"，英文缩写为CZ，化学成分是ZrO_2。而真正的锆石是一种不太常见的天然宝石，化学成分是$ZrSiO_4$。很明显，CZ与真正的锆石，成分和结构都不

锆石火彩弱于CZ，有明显重影

同，它根本不能够被称为锆石。二者价格差异也相当大，天然的锆石国际售价可达几十至上百美元/克拉；而CZ作为一种技术成熟、可以大量生产的人工合成宝石，价格非常低。

那么，天然锆石就很危险吗？其实也不是。用做宝石的天然锆石，其放射性元素的含量极低，所产生的辐射远远小于许多现代的电子产品，如手机和电脑屏幕等，所以完全没有必要担心。相比之下，倒是那些经过辐照处理的宝石更让人担心。

辐照处理是采用高能粒子轰击宝石材料，使其结构产生缺陷从而改善或改变宝石颜色的一种方法。钻石、蓝宝石、绿柱石、碧玺、托帕石、水晶等宝石都可以通过辐照处理改善或改变颜色。这种改色效果有时候很稳定，有时候不稳定，有时还会有比较强的残留放射性。

不过正如我前面谈到的，珠宝商也是人，他们自己也怕辐射，不会为了赚钱不要命的，所以你并没有必要对这些宝石心存恐惧，绝大部分情况下，辐照处理后的宝石是安全的。比如水晶经过辐照处理可以变成烟晶，这种改色对于水晶来说属于优化，是不需要说明的，也是绝对安全的。我们在市场上见到的非常漂亮的蓝色托帕石，可以说百分之百是辐照改色的产物。但除了水晶以外，对其他任何宝石进行辐照都属于处理，必须明确告知消费者。

辐照处理跟热处理一样，几乎找不到任何证据来证明，因此按照国家标准的规定，对于这些无法确定是否经过某种处理的宝石，定名的时候名称可以不做说明，但应当在备注里面注明"可能经过辐照处理"或"未能确定是否经过辐照处理"。不过，鉴定证书上只要出现"辐照"这两个字，还是会让很多消费者感到不安，因此一些检测站在鉴定证书的备注一栏会有类似"颜色成因未作分析"这样的更为含蓄的描述。

最近几年，我发现很多检测站，包括很权威的检测站，甚至连备注的这行字也省去了。本来在新的国家标准发布之前我一直在揣测，这也许是个信号，托帕石的辐照处理可能会由原来的"处理"变为"优化"，因为实在是太普遍了，不由得你不认可。但是有点出乎意料的是，在2010年9月最新发布的国家标准里面，托帕石的辐照处理仍然被定性为 "处理"。

瑞士蓝托帕石

伦敦蓝托帕石

　　目前，并非所有国内检测站都会严格按照国家标准进行备注描述，哪怕是暗示性的描述。而国家标准对这一块的规定，措辞是"应"而不是十分严格的"必须"。所以即便是鉴定证书的名称以及备注里面没有任何关于"辐照"的说明，你最好也不要对那些颜色浓艳的托帕石心存幻想。

　　相比之下，在这方面，老外向来比较严谨，国际权威的检测机构都会写清楚"可能经过辐照处理"。出现这两种态度还有一个重要原因：在国外，这样的表述并不会影响到销售，而目前国内的消费者恐怕还不具备这样的心态，证书上出现"辐照"字眼对销售必然会产生负面的影响。

　　这也许会让一部分朋友心里感觉特别不爽，但是换个角度想一想，既然检测站都检验不出来，或者人家明知道是辐照的也懒得注明，说明事实上大部分人已经能认可这种处理方法，大家心知肚明见怪不怪了。所以，只要宝石够漂亮，还是愉快地接受它吧。

合成宝石 ≠ 假宝石 ≠ 玻璃

随着经济的不断发展，人们对各种宝石的需求越来越大，但宝石资源是有限的，随着开采的深入，各种宝石资源日益紧缺。怎样才能解决这个矛盾呢？我们当然要找一种可以替代天然宝石的东西。合成宝石就是在这样的背景下应运而生的。

但是，作为消费者，人们似乎很难接受合成宝石。很多时候，人们一听到"合成"这两个字，顿时心生排斥，连合成的是什么东西都听不见或者不想听了。在这些朋友的观念里，总觉得合成的就是假的，就是玻璃。这正是我着力要更正的一个错误观点。

合成宝石并不是假宝石，更不是玻璃！

合成宝石与对应的天然宝石拥有完全相同的化学成分、物理性质和晶体结构。合成宝石仍然是晶体，与非晶体的玻璃是有着本质的区别的。比如红宝石的化学成分是Al_2O_3，合成红宝石的成分也是Al_2O_3，而且它的光泽、硬度、密度、折射率等所有的物理性质都与天然红宝石完全相同。它们与天然宝石唯一的区别就是生长环境，天然宝石生长在大自然中，而合成宝石生长在实验室里。

　　暂且排开稀有性不谈，单看宝石品质的话，合成宝石无论是颜色还是净度都优于天然宝石。在天然宝石形成的数百万年时间里，周围的自然环境不可能一成不变，任何环境的变化都有可能导致颜色差异，并且以瑕疵的方式在宝石中留下印记。而实验室却可以提供极为稳定、理想的生长环境，生长出来的宝石颜色均匀浓艳，几乎没有瑕疵。想想我们在市场上看到的各色CZ，超亮超炫，完美无瑕，完全可以替代任何宝石。合成宝石还可以长到天然晶体望尘莫及的超大尺寸，使得许多原本只能停留在纸上的夸张设计得以被加工为成品。

　　宝石合成的方法多种多样，各种方法的设备要求不同，合成成本也不同，用不同方法合成的同种宝石价格会有较大差异。以合成红宝石为例，焰熔法合成的红宝石，一粒2克拉左右的戒面大约只需要几十元，而同样大小的水热法合成红宝石的价格可能需要几千元。不论是采用什么合成方法，由于不具备稀有性，相对同样颜色净度级别的天然宝石来说，合成宝石的价格相当便宜。如果不是用作投资，纯粹装饰的话，选择合成宝石美观又实惠，何乐而不为呢？

理性看待宝石中的瑕疵

古罗马哲学家普林尼曾经说过："在宝石微小的空间里蕴含了整个世界。"真正了解和懂得宝石的人，应该学会用欣赏的眼光看待宝石中的瑕疵。其实，每颗天然宝石的内部都是一幅别样美丽的风景画。犹如大师的画作，有些人能看懂，乐在其中；有些人看不懂，百无聊赖。

人们总希望宝石尽可能纯净无瑕，这很自然，因为谁都希望自己的宝石值钱，而纯净度正是衡量宝石价值的重要因素之一。不过你可能不知道，瑕疵对于宝石来说，不一定都是坏事，有时候它也能够增加宝石的价值。

宝石中的各种瑕疵在专业上统称为包裹体，像发晶中发丝，绿幽灵水晶中的绿色物质都是包裹体。相对于纯净无瑕的水晶来说，这些东西都是瑕疵，而正是这些美丽的"瑕疵"成就了水晶更高的价值。

在宝石生长的漫长过程中，任何环境的变化都会在宝石中以包裹体的形式留下永久的痕迹。包裹体是环境在宝石中打下的烙印，记录着宝石的成长经历。因此，各种各样的天然包裹体正是宝石天然性最有力的证据。

发晶吊坠

宝石的生长通常需要数百万年。试想一下，在这么漫长的时间里，宝石所处的自然环境怎么可能一成不变呢。因此，真正完美无瑕的天然宝石不能说绝对没有，但至少极为罕见。如果你一定要追求一点瑕疵都没有的宝石，不妨考虑合成宝石，因为只有实验室才有可能给宝石的生长提供稳定的环境。

在追求宝石纯净度的时候一定要掌握一个原则——过犹不及。比如在挑选白水晶手链的时候，不要找那些每颗珠子都完美无瑕的，因为这种时候合成的可能性相当大。最好挑那些总体看起来很洁净，但个别珠子仔细看时有点小瑕疵的，愉快并放心地接纳它。对于其他的很多宝石也是一样，只要瑕疵对外观的影响不明显，应该欣然接受，因为这些瑕疵不但证明了宝石的天然性，也使得宝石变得独一无二，不可复制。

一味地追求高净度，随时有掉入合成宝石陷阱的危险。有可能花大把的银子将合成宝石当作高品质的天然宝石买回来哦。如果你不喜欢合成品，避免买到合成宝石最好的办法就是找到可以证明宝石天然性的瑕疵。不过这里需要再次重申，如果不是投资，仅仅是装饰的话，物美价廉的合成宝石真是不错的选择。

定制首饰更划算?

　　常常有朋友向我抱怨，她们挑选钻戒时，要么款式很喜欢，可是石头的级别不满意；要么石头挺满意，可是款式又不喜欢，很是纠结。对于镶嵌首饰，当然是宝石品质好，款式也吸引人才能真正打动女人的心。然而我们在市场上选购镶嵌首饰时似乎总有点鱼和熊掌不可兼得的无奈。仅仅钻石这一个宝石品种，这个问题就困扰着不少朋友。那么，对于品种众多的各种彩色宝石首饰，这个矛盾就更为突出了。

　　有没有什么办法能让自己买到石头和款式都满意的首饰，不给自己留有遗憾呢？对于找我咨询买钻戒的朋友，我通常建议他们自己选裸钻，然后挑选喜欢的款式，我再帮他们拿到首饰镶嵌厂加工。这样不仅能保证宝石和款式都满意，价格也比直接购买镶嵌好的成品便宜不少。这其实跟现在一些珠宝网站和会所推出的个性定制服务是一样的。不少前卫时尚的女士早已熟知并且认同这样的钻石首饰定制的方式。这也是我推崇的理性聪明的消费方式。

　　那么，这种定制首饰的方式是否也同样适用于除了钻石之外的任何宝石呢？这就值得商榷了。宝石品种众多，性质各异，因此宝石首饰的定制比钻石首饰定制的情况要复杂得多。

对于首饰定制，绝大部分朋友还是有不少顾虑的。首先，一定会有不少朋友担心：自己千挑万选的石头在加工过程中会不会被换掉？这种担心很正常，只不过这个问题在钻石首饰的定制过程中很容易解决。我们只要选择带有GIA证书的钻石，这个问题就完全可以杜绝。因为GIA检测过的每一粒钻石，都会用激光在钻石的腰棱处打上与鉴定证书一致的编号，确保了每粒钻石的唯一性。加工回来只要确认一下钻石上的编号与证书编号是否一致，就能知道石头有没有被换过了。但是对于各种彩色宝石，这个问题就真的成了一个问题。即使是国际权威机构检测过的宝石，宝石上也没有任何标记。如果镶嵌加工过程中，石头被换了，对于缺乏专业眼光的普通消费者来说，几乎是不可能发现的。

当然如果是到正规的首饰加工厂进行加工，换石的担心几乎是没必要的。问题是正规的首饰加工厂通常不接受零散的首饰加工，不少朋友缺乏加工渠道，只能找到一些私人的首饰加工小作坊，那就只能把宝押在人家的职业道德上了。

除了担心石头被换，还有不少朋友担心加工出来的款式不理想或者做工不精致。对于钻石定制来说，可选择的款式很丰富，也不存在石头形状差异的问题，即使加工出来稍有变形，款式也不会让人太失望。但是彩色宝石就不一样了，由于受到宝石形状和大小的限制，本身可选择的款式就比较少。即使相同的款式，不同颜色的石头镶嵌出来的感觉也不尽相同。

曾经有个朋友在我这里买了一颗托帕石自己去加工。她在国外网站上找到一个很心仪的款式，满怀期待地希望能定制一个完全相同的款式，但做出来的首饰却令她的失望远远大于惊喜。要知道，成品照片仅仅展示了首饰的一个特定角度，跟首饰设计图要求的三视图是有差别的。照片展示不到的角度是什么样子，完全凭首饰起版师傅的经验和想象。当一些细节处理不当时，整个首饰的款式就会完全走样，整体美感也完全被破坏。

不过，买裸石自己镶嵌确确实实比直接买成品省钱，而且省的不是一点点。省钱才是硬道理嘛，所以，尽管有这样那样的担忧，还是有很多朋友愿意购买裸石自己加工。

除开以上两种风险，你必须知道宝石的镶嵌本身也是有风险的。大部分首饰加工厂熟悉的是钻石，对于众多宝石的性质不是十分熟悉。不同的宝石，物理性质自然不同，有的性脆，有的有解理，这都增加了镶嵌时石头受损的风险。而且彩色宝石的硬度都不及钻石，对镶嵌技术的要求更高。

万一镶嵌过程中石头受损，损失由谁来承担呢？很不幸地告诉你，首饰加工行业有个不成文的行规，如果石头镶破了，加工厂是不赔偿的。也就是说，损失只能自己承担。你可能认为这是霸王条款，不合理，但是没办法，事实就是这样。尽管镶嵌过程中宝石受损是小概率事件，但是当发生在你身上时，概率就变成了百分之百。

我自己就亲身经历过这样的事情。我曾经有一粒完美的坦桑石，加工后发现台面上多了一道明显的划伤，虽然加工厂为我重新抛光了宝石，但我事实上损失了宝石的重量，而这个损失只能由我自己承担。

所以，现在你应该理解为什么直接购买成品首饰的价格比买裸石加工高得多：一方面，成品首饰的商品附加值比裸石增加了；另一方面，销售成品首饰，商家为消费者规避了镶嵌过程中的各种风险。

如果单纯从价格的方面考虑，毫无疑问，定制首饰肯定是省钱的。对于钻饰，定制的方式确实值得推崇，是真划算；对于宝石，这个问题则是仁者见仁，智者见智。我的建议是：一定要充分了解定制过程中的各种风险，理性权衡各种利弊关系，切不可单纯为了省钱盲目的去定制。否则，做出来的东西不满意，变成"鸡肋"，甚至宝石本身受到伤害，就完全不划算了。

第五章

如何让首饰历久弥新?

　　女人们通常都会精心保养自己的肌肤，殊不知宝贝首饰同样需要精心呵护。如果你发现首饰佩戴一段时间后光泽大不如前，说明你的首饰没有得到很好的保养。珠宝首饰如同皮肤一样娇嫩，正确的保养对它们至关重要，可以让它们历久弥新，光泽常在。

日常佩戴应注意的问题

远离化学品

日常生活中我们免不了接触各种各样的化妆品和洗涤用品。这些物品中的很多化学元素都可能损害到你的宝贝，因而在接触这些物品时，请先取下首饰。

尽管绝大部分宝石的化学性质比较稳定，但也有一些不太稳定的，如孔雀石、红纹石这类碳酸盐类的宝石，以及珍珠、欧泊这些娇贵的宝石，它们可能会被化学品腐蚀。

除了宝石，化学品对镶嵌宝石的金属的损害更大，会使金属褪色或产生斑点。比如汞就会让黄金变"白"，失去原有光泽，而几乎所有的美白化妆品里面都含有汞。K金饰品里面或多或少都含有银、铜等易氧化的元素，化妆品或者洗涤用品里面的硫、氯等元素很容易使它们氧化变黑。想象一下，一颗熠熠生辉、光彩照人的宝石，却被暗淡无光或者遍布斑点的金属衬托着，这是一件多么煞风景的事啊！

地域季节有差别

佩戴珠宝首饰与季节有关系吗？其实这仍然是从金属的角度来考虑的。

在北方，春秋风沙季节里就应该少佩戴饰品。风沙中有大量的石英颗粒，它们的硬度也许就比你的饰品高，这种磨损会使首饰失去原有的光泽。

在南方，夏季炎热季节里佩戴首饰也需要格外注意。夏季首饰都为贴身佩戴，人的汗液对金属具有腐蚀作用，因而出汗后应该及时清洗饰品。炎热的夏季也不太适合佩戴珍珠、欧泊这类怕热怕汗的宝石首饰。

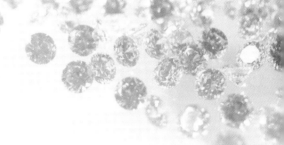

收纳保养的技巧

欧泊饰品特别对待

　　欧泊是所有名贵宝石中最娇贵的，需要付出120%的精心呵护。欧泊本身硬度较低，佩戴过程中需格外小心，避免划伤。另外欧泊中含有水分，水对于欧泊就如水之于肌肤一样重要，一旦失水，欧泊奇特的变彩效应也会随之消失。这就要求尽量避免在炎热的季节或高温的工作环境佩戴欧泊。

　　欧泊的保存方式也与众不同，如果经常佩戴，可以在每次佩戴完清洗后直接放入清水中保存；如果较长时间不佩戴，则应该用打湿的软布或者化妆棉包裹后放入密封的塑料袋中保存。

专业清洗很重要

　　清洗珠宝首饰最好使用首饰专用的清洗液或者性质温和的中性洗涤剂，将饰品在其中浸泡几分钟，一些难于清洗的部位可以用软毛刷轻轻刷洗，然后用清水冲洗干净，最后用柔软的棉布或丝绸擦干。切记，使用毛刷时动作一定要轻柔，否则有可能在金属上留下擦痕甚至可能造成镶嵌部位损伤，影响宝石的安全。

一般珠宝店都有免费清洗的服务，送到珠宝店进行专业清洗是很明智的选择。珠宝店通常会使用专业的超声波清洗机对首饰进行清洗。只要你的宝石没有明显裂隙，都可以放心地采用这个方法。如果有裂隙最好避免用超声波清洗机，因为清洗过程中的振动有可能扩大裂隙，造成严重的后果。

如果你是时尚一族，饰品丰富，不妨为你心爱的首饰们投资一台家用超声波清洗机，价格在两百元左右。可以到专业的首饰用品商店购买，此外网络也是不错的购买渠道。这样可以为你省去经常跑珠宝店的时间，随时在家里清洗你的宝贝。除了清洗首饰，超声波清洗机还可以清洗眼镜、手表、打印机喷头甚至难洗的雕花金属餐具，倒是一个清洗家居小物品的好帮手呢。

首饰存放有技巧

各种饰品平时应该妥善收藏，千万不要将它们一起散放在抽屉或者首饰盒里，因为不同宝石硬度有差异，相互刮蹭有可能伤及硬度较小的宝石或者金属。理想的收藏方法是用软布将饰品分别包起来存放在首饰盒里，这样即节省了空间，又避免了饰品之间的相互摩擦。

第六章

如何鉴别宝石?

　　鉴别宝石是一门系统的科学，要通过各种宝石不同的性质来判定宝石的品种、真伪以及品质。经验丰富的人有时候可以用肉眼识别一部分宝石，但更多的时候，鉴定宝石需要专业的工具和知识。

哪些宝石可以一眼识别？

如果有人说可以一眼识别出宝石，想必你会认为他在夸夸其谈吧。虽然不是所有的宝石都能够一眼识别，不过的确有一部分宝石可以很轻易地用肉眼识别出来。

某些宝石的颜色非常稳定而且典型，这使得肉眼识别它们成为可能。那么究竟是哪些宝石的颜色典型到肉眼就可以识别呢？要搞清楚这个问题，我们有必要先了解一下宝石的颜色是如何形成的。

我们都知道，自然光是由不同波长的七彩光混合而成的。我们的肉眼无法看到组成自然光的各种颜色，它们混合在一起，我们看到的就是白色，所以自然光也被称为白光。但如果组成白光的其中一些波长的光缺失了，情况就不同了。剩下的波长的光组合在一起，看起来就不可能还是白色，而是显现出某种颜色。宝石之所以显示出各种颜色，就是里面的一些特殊元素吸收了部分光线。

不是所有的元素都会吸收光线，能够吸收光线的元素非常少，如Fe、Cu、Mn、Ti等，这些元素被称为致色元素。如果宝石中没有任何一种致色元素，它就不能够吸收任何的光线，那么宝石看起来会是什么颜色呢？是的，白色或者说无色，宝石看起来就会像白水晶或白色月光石那样。反过来，如果宝石中有某种元素强烈地吸收光线，甚至将所有的光线都吸收了，宝石看起来就是黑色的。如果宝石中的致色元素只是有选择地吸收了一部分光线，宝石就会呈现出某种迷人的色彩。

通常情况下，致色元素都是以微量杂质的形式存在于宝石中，这些宝石被称为他色宝石。他色宝石非常重要的特点是，原本无色的宝石，当含有不同的致色元素时就会呈现出不同的颜色。比如绿柱石，它的成分是$Be_3Al_2Si_6O_{18}$，纯净时是无色的。当绿柱石里进入微量的不同的致色元素时，绿柱石就会呈现出绿色、蓝色、粉色等不同的颜色。同样，纯净的刚玉也是无色的，当少量Cr元素进入，它会呈现出红色，即红宝石；少量Fe和Ti进入，它会呈现出蓝色；少量Mn可以使它呈现橙色；而少量V可以使它呈现紫色……

与他色宝石相反，如果致色元素不是杂质元素，而是组成某种宝石的主要化学成分，宝石的颜色就不可能像他色宝石那样变化无常，这样的宝石被称为自色宝石。自色宝石的颜色非常稳定，品种相对单一。其颜色只是有深浅、浓淡上的变化，而不会有色调上大的变化。我们肉眼能够识别的主要是这一类宝石。

绝大部分宝石是他色的，自色的宝石品种非常有限，主要有橄榄石、铝系列石榴石和一些玉石，如绿松石、孔雀石等。还有一些宝石的颜色分布非常特殊，形成特征的色带。色带同样是非常重要的识别依据，如刚玉、碧玺都是典型的具有色带的宝石。

除了颜色，宝石表面的光泽和一些特殊的结构特征也是肉眼识别的重要因素。光泽取决于宝石的折射率，折射率越大，宝石的光泽就会越强，越耀眼。绝大部分宝石的光泽看起来像玻璃一样，称为玻璃光泽。少数折射率较高的宝石，光泽会强于普通玻璃光泽，达到强玻璃光泽、亚金刚光泽，甚至是金刚光泽，看起来给人非常亮的感觉。

橄榄石
$(Mg,Fe)_2(SiO_4)_2$
Fe致色，特征的黄绿色，绿色中明显带有黄色调。玻璃光泽。

铁铝榴石—镁铝榴石
$Fe_3Al_2(SiO_4)_3$—$Mg_3Al_2(SiO_4)_3$
Fe致色，暗红色至玫红色，Fe含量越高颜色越深。强玻璃光泽。

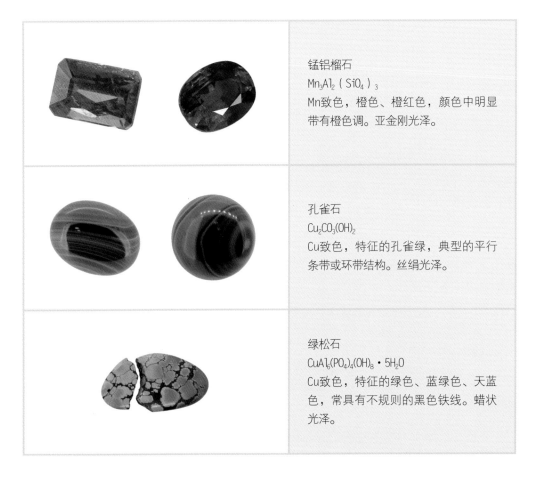

锰铝榴石
$Mn_3Al_2(SiO_4)_3$
Mn致色，橙色、橙红色，颜色中明显带有橙色调。亚金刚光泽。

孔雀石
$Cu_2CO_3(OH)_2$
Cu致色，特征的孔雀绿，典型的平行条带或环带结构。丝绢光泽。

绿松石
$CuAl_6(PO_4)_4(OH)_8 \cdot 5H_2O$
Cu致色，特征的绿色、蓝绿色、天蓝色，常具有不规则的黑色铁线。蜡状光泽。

宝石发烧友必备的两件宝物

可以凭借肉眼识别的宝石毕竟是少数，更多的宝石必须借助于一些专门的测试工具来鉴定。面对一粒无色透明的宝石，我们很难直接看出来它是哪种宝石，它可能是白水晶，可能是无色托帕石、无色绿柱石、无色蓝宝石，等等，甚至还有可能是玻璃。这时我们的肉眼显然不够用了，必须通过一些仪器才能够最终确定宝石的品种。

实验室里会有各种专业的鉴定宝石的仪器设备，不过谁也不可能带着实验室到处乱跑。外出采购时，你只能依靠肉眼和随身携带的有限的小工具了。宝石业者都有两件必备的宝物：10×放大镜和聚光手电筒。这也是宝石发烧友们不可或缺的得力工具哦。

10×放大镜

放大镜相信你一定用过，不过我们这里所说的是一种宝石专用的特殊放大镜，它不同于日常生活中的普通放大镜。

普通放大镜就是简单的凸透镜，如果你用过，应该知道在视域边缘会出现彩色的干涉色，图

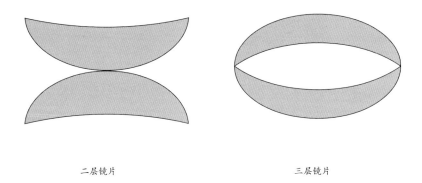

二层镜片   三层镜片

像也会有些变形。这种现象在专业领域称为色差和相差。放大倍数越大，色差和相差就越明显。使用放大镜，图像会变形或变色，如果是读报纸，应该没有什么大碍，可如果是观察微小的宝石，这个问题就很严重了。

宝石放大镜的特别之处就在于采用多重镜片（通常是两层或者三层）组合的方式，成功消除了相差和色差，使得整个视域均匀放大而不会变形。它的价格也因此比普通放大镜高出几倍乃至几十倍。

宝石放大镜小巧轻便，造型精美，宝石爱好者在人前拿出自己的宝石放大镜时，专业范儿就摆在那里了。市场上10倍宝石放大镜的价格从几十元到几百元不等，如果你是宝石发烧友，应该不会吝惜这点银子吧。

多数人会认为三层镜片的放大镜更好，其实这是一种认识误区。放大镜的好坏不在于镜片的多少，而在于能否很好地消除相差和色差。最简单易行的检验方法就是使用放大镜观察坐标纸，仔细观察视域边缘处的小方格，如果没有出现变形，这就是一个很好的放大镜。

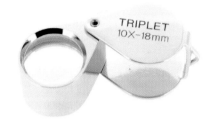

三层镜片10倍放大镜

放大镜上的字印清晰标明了它
的各种参数

18mm：指的是视域直径

10×：指的放大倍数

TRIPLET：指的是三层镜
片；如果是双层镜片，会有
DOUBLET的字样

　　另一个误区是人们总认为放大倍数越大越好，想当然地认为放大倍数越大，看得越清楚。其实恰恰相反，放大镜的放大倍数越大，观察难度也越大，反而越不容易看清楚。

　　正确观察宝石的姿势绝对不同于拿着放大镜看报纸的姿势，此时眼睛与放大镜的距离非常近，大约为2～3cm。要想看清楚宝石，宝石必须停留在放大镜的聚焦点上。我们都知道，放大倍数越大，焦距越短，那么宝石距离放大镜就越近。10倍放大镜的焦距是2～3cm，20倍的放大镜焦距则缩短一半，仅为1cm左右。距离越近，要想稳定控制眼睛、放大镜和宝石三者间的距离就越困难。拿宝石和放大镜的双手稍微不稳就会造成视域模糊，结果不但没有看清楚宝石，还会让观察者感觉头晕恶心。我的学生们在刚开始学习使用宝石放大镜的时候，我听到的最多的问题就是："老师，我的头好晕。"这跟戴上一副度数不合适的眼镜造成头晕恶心的道理是一样的。此外，放大倍数越大，放大镜的视域范围反而变得越小，这也不利于我们整体观察宝石的内外特征。

　　真正标准的宝石放大镜就应该是10倍的。要知道，所有宝石的商业分级都以10倍放大镜为基准。如果确实需要更大的倍数来观察宝石，那你应该选用专业的宝石显微镜而不是放大倍数更

正确使用放大镜的姿势

聚光手电筒

大的放大镜。

聚光手电筒

聚光手电筒是宝石从业人员随身必备的第二宝。同样，聚光手电筒不同于我们日常生活中用到的普通照明手电。普通手电发出的光线都是发散光，有些虽然亮度很高，但如果用于照宝石，它们只能照亮宝石表面，不能够将小小宝石的内部照亮，而我们观察的重点恰恰在宝石的内部。聚光手电筒发出的光线是高度汇聚的，它的亮度也许不如一些LED手电筒，但可以轻易地照亮宝石的内部，而且宝石的很多特殊光学效应，如猫眼效应、星光效应等都需要在聚光灯下才能看清楚。聚光手电筒的光源颜色有白色和黄色两种。如果是用于照亮宝石，那么对光源颜色没有特殊要求，但如果需要看宝石的变色效应，则一定要选择黄色的光源。

市场上宝石专用聚光手电筒的价格从十几元到几十上百元不等，对于宝石发烧友来说，这当然算不上是大数额。

一秒钟辨别玻璃和水晶的工具

便携式偏光镜

正如前面讲到的，水晶最大的假冒仿制品就是玻璃了。我猜想，不少人心里或许想过这样一个问题：有没有一种可以快速区分玻璃和水晶，又不需要多少专业知识，一看就会用的工具呢？答案很肯定，偏光镜就是你要找的东西。

偏光镜是宝石鉴定实验室必备的一种仪器，可以快速确定宝石的结晶状态。随着便携式偏光镜的出现，这种仪器在实验室外充分发挥着它的作用。

作为一种十分专业的宝石鉴定仪器，偏光镜的结构简单得有点让人难以置信，其实就是两个偏光片加上一个光源。现在市场上有很多墨镜使用的是偏光镜片，如果将两个偏光镜片拆下来，再配合一个手电筒，这就是一个简易的自制偏光镜了。

偏光片是可以吸收大量光线、只让特定振动方向的光线通过的一种光学元件。当两个偏光片

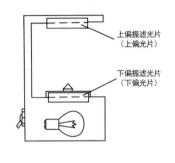

上偏振滤光片
（上偏光片）

下偏振滤光片
（下偏光片）

偏光镜结构示意图

处于相互垂直位置时，就没有光线能够连续穿透过这两个偏光片，视域因而看起来全黑，这种现象叫做消光。

在使用偏光镜观察宝石前，应该调节偏光片直到消光位置，这样才达到仪器的工作状态。此时，将透明的宝石放在两个偏光片中间，转动宝石，就会有不同的现象发生。

通常我们能看到三种完全不同的现象：有些宝石在偏光镜下始终是黑的，没有光线能够穿透过来；有些宝石在偏光镜下忽明忽暗，仔细观察会发现，在宝石转动一周的过程中，一共会出现四次明暗交替；还有些宝石在偏光镜下始终都是亮的，没有消光的位置。

只有非晶体和等轴晶系的晶体才有可能在偏光镜下始终消光，比如玻璃、石榴石、尖晶石、钻石等。除了等轴晶系之外的其他所有晶系的晶体，在偏光镜下都会出现四明四暗的现象，比如水晶、碧玺、海蓝宝石、托帕石等。那些在偏光镜下始终不消光，保持全亮的又是什么情况呢？这一定是晶质集合体，也就是我们常说的玉石，比如翡翠、玛瑙等。

现在你应该知道偏光镜是如何快速区分玻璃和水晶的了吧。没错，只要把宝石放到调好的偏光镜上转动一下，答案马上就出来了。始终消光的是玻璃，而四明四暗的就必定是水晶了，的确是一秒钟就搞定了吧。

不过需要提醒一下，除非你有足够的证据证明所测试的宝石就是玻璃和水晶中的一个，偏光镜才可以帮助你在一秒钟内得出结论。如果是一个你完全不确定是什么品种的宝石在偏光镜上出现始终消光的现象，千万不能就此下结论为玻璃，别忘了，像石榴石这样的等轴晶系的宝石也会出现这个现象。同样，也不能一看到四明四暗的现象就肯定所测的宝石为水晶，因为除了钻石等少数几个等轴晶系的宝石，其他所有宝石的现象都是一样的。

如果你所测试的水晶是圆珠状，转动水晶时，除了看到明暗变化的现象，你还会有惊人的发现。在某个特殊的角度，你会看到如下图显示的彩色干涉图。图案是伴有彩色条纹的中空的黑十字，由于中心圆形的红色部分形似牛的眼睛，我们称之为牛眼干涉图。

干涉图的形成原因非常复杂，但现象却很容易观察。这种牛眼干涉图是水晶特有的，换句话说，也就是一旦看到这样的干涉图，所测的宝石就可以肯定是水晶了。但是，需要特别注意的是，合成水晶同样会有牛眼干涉图，所以，牛眼干涉图只能证明所测宝石不是玻璃，却不能证明水晶的天然性哦。

市场上常见的各种水晶手链，多数都是圆珠形状的，借助偏光镜很容易观察到干涉图。那么其他形状的水晶就看不到干涉图了吗？当然不是的，弧面形的水晶应该都可以找到干涉图，但如果是切割成刻面形的水晶要想看到干涉图难度就很大了。首先需要在宝石与上偏光片之间加入一个放大镜帮助汇聚光线，其次宝石必须处在特定的方位才可以。在偏光镜下，牛眼干涉图虽然只能在特定的角度观察到，但只要看到了，就能够确定是水晶。因此，偏光镜对于水晶的鉴别有着非凡的意义。

水晶特有的牛眼干涉图

目前市场上便携式偏光镜的价格在两三百元左右，如果你有非常多的水晶，或者你是水晶的超级爱好者，偏光镜还是值得投资的。你也可以用两个偏光镜片自己动手DIY一个简易的偏光镜。这并不是说偏光墨镜可以直接代替偏光镜。我们用偏光镜观察宝石时，光线的路径应该是先通过一个偏光片，然后通过宝石，再通过第二个偏光片，最后进入我们的眼睛，而直接戴着偏光墨镜观察宝石，是不可能让光线按上述路径行进的。

也正是因为光线这样的行进路线，使用偏光镜时，你还需

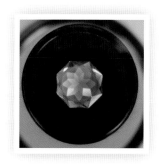  

水晶在偏光镜下出现明暗变化（明）　　水晶在偏光镜下出现明暗变化（暗）　　牛眼干涉图

要格外注意一点，那就是所测的宝石必须是透明的（至少是半透明）。只有宝石透光，光线才有可能最终到达我们的眼睛。如果宝石本身不透明，不论你怎么转动宝石，毫无疑问它看起来都是全黑的了。所以，对于不透明的宝石，偏光镜就没有用武之地了。不过水晶似乎不必担心它的透明度问题，对于无论哪个品种的水晶以及所有像水晶一样透明的宝石，偏光镜都是很有用处的鉴定工具。

最后，让我们再来总结一下偏光镜是如何在一秒钟时间区分出玻璃和水晶的吧。

1.打开电源，转动上偏光片至视域全黑。

2.将宝石放在下偏光片上，转动宝石，观察明暗变化。

3.转动一周，如果宝石出现四次明暗交替的现象，或者看见牛眼干涉图，一定是水晶；如果宝石始终黑暗，则是玻璃。

红、蓝宝石猫腻多

　　红、蓝宝石都属于价值高昂的名贵宝石，资源十分稀少，优质的原料更是少之又少，因此人们总在想尽办法对那些较差的原料加以处理，使它们看起来更漂亮。事实上，对于红、蓝宝石的处理手段远不止热处理这么单纯。

　　除了加热，其他的方法都或多或少将外来物质带入宝石内部，因而不再属于优化，而是真正的处理。按照国家标准的要求，这些处理方法在销售时都必须明确告知消费者。可事实上，就我在市场上了解的情况来看，几乎没有哪个商家会真的这么做。有些商家并非刻意隐瞒，而是自己也蒙在鼓里。

　　这里我仅就市场上最常见的两种处理方法加以说明，希望你能够掌握简单的鉴别方法，增强防范意识。

充填处理

　　充填处理是红宝石最常见的处理方法之一。红宝石的生长环境以及物理性质决定了其原料通常裂隙较多。裂隙当然对宝石的品质有着极大的影响。有的时候，裂隙甚至直接威胁到宝石的耐

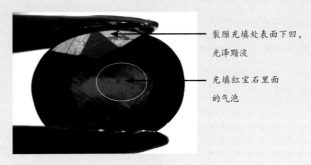

裂隙充填处表面下凹，
光泽黯淡

充填红宝石里面
的气泡

充填处理红宝石的特征

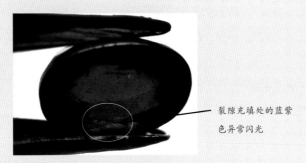

裂隙充填处的蓝紫
色异常闪光

充填处理红宝石的特征

久性，这对宝石来说是致命的。想象一下，如果你戴的红宝石戒指被轻轻碰撞了一下，就喀嚓一声破成两半，你会是怎样的心情。

为了掩盖裂隙，同时也为了增强宝石的耐久性，人们想到了在宝石的裂隙中充填一些与宝石本身折射率非常接近的物质。充填物质通常是高折射率的玻璃，由于它们的折射率与宝石的折射率接近，裂隙看起来就不明显了；而且玻璃在宝石中还起到了胶的作用，使得宝石的耐久性大大加强。

充填处理的红宝石目前在市场上十分普遍。我个人认为，这种处理方法对于有效利用稀缺的原材料来说还是很好的，只要明确告知消费者，消费者可以用相对低廉的价格买到名贵宝石，未尝不是件好事。可是，充填处理过的红宝石冒充天然红宝石出售就太恶劣了，因为处理前后宝石的外观大相径庭，其价值与同等外观的天然红宝石是无法同日而语的。

怎么才能识别出宝石是否经过充填呢？充填物中往往会夹带有圆形的小气泡，这在天然红宝石里是不可能出现的。不过气泡通常非常小，必须借助宝石显微镜这样的专业放大工具才可能看到。更为简单有效的识别方法是用10倍放大镜仔细观察宝石的表面和各个角度。

充填在红宝石裂隙中的高折射率玻璃的硬度很低，远远小于红宝石的硬度，因而在经过同等力度的表面抛光后，裂隙处硬度低的玻璃表面相对于硬度高的红宝石表面就会显得凹下去一些。此外，充填进宝石的玻璃，折射率虽然高，但毕竟还是与红宝石的折射率存在差异，充填物会呈现出不同于宝石体色的闪光。转动宝石仔细观察，可以看到宝石内部出现局部细小的诸如蓝紫色、紫色、橙色的闪光。当充填物非常多时，某些角度甚至可以看到原本红色的宝石呈现出大面积的蓝紫色。

扩散处理

扩散处理是蓝宝石最常用的处理方法。扩散处理可以使原本没有颜色的蓝宝石产生蓝色，也可以使原本没有星光效应的蓝宝石产生星光。

扩散处理不同于通常意义的染色，它并没有使用任何染料，而是将致色元素添加到刚玉里面使其出现颜色。常规的方法只能够使人为添加的致色元素渗入宝石的表层，这时蓝宝石仅有表面很薄的一层是蓝色，中心都是无色的。但是我们不可能将宝石从中心切割开来加以鉴别，那么怎样才能够知道宝石的颜色是整体的还是仅仅在表面呢？只需采取下面这种方式观察，宝石的颜色有无问题就一目了然。

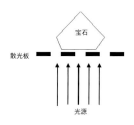

扩散处理蓝宝石的观察方法

散光照明时，扩散处理蓝宝石的颜
色是蜘蛛网状

　　从底部去观察宝石，在光源与宝石之间加上一层散光板就可以了。散光板到哪里找呢？不用费心，日常所用的面巾纸就是理想的散光板。你不要小看这小小面巾纸，它就好比照妖镜，有问题的蓝宝石经过这么一照，立马原形毕露。通过这样的方式观察，如果蓝宝石经过扩散处理，你就会看到图中的现象，颜色都浓集到宝石的棱线处，刻面处颜色较浅，整个宝石呈现出蜘蛛网状的外观；而且如果有裂隙，裂隙处的颜色会非常深。而没有问题的蓝宝石才不怕这个照妖镜呢，不管怎么照，颜色都不会呈现这种现象。

　　不过随着扩散技术的不断完善和提高，现在市场上已经出现了一种全新的我们称之为"体扩散"的蓝宝石。所谓"体扩散"，就是使致色元素渗透到宝石的整体而不仅仅限于浅表面。不过以目前的技术，体扩散方法通常使用Be元素进入蓝宝石整体，而Be将导致蓝宝石呈现出鲜艳的橙红色。所以这种新的扩散方法也被称为"Be扩散"。"Be扩散"蓝宝石用上面介绍的观察方法去看时，颜色就不会像传统表面扩散的蓝宝石那样呈现出"蜘蛛网"，而是均匀的了。

　　目前常规的检测手段对"Be扩散"无能为力，只能依靠大型测试仪器去检测宝石中的微量元

天然星光蓝宝石，星线不完美，宝光很亮

扩散处理星光蓝宝石，星线完美，没有宝光

扩散处理星光蓝宝石批量样品过于整齐

天然星光蓝宝石，批量样品各不相同

素。所以，当你遇到颜色超赞的橙色至橙红色蓝宝石时应该格外当心了，最好它能够带有权威机构的检测证书。关于检测证书的具体问题，本书后面部分还有详细的介绍。

扩散处理还可以使得原本没有星光效应的红、蓝宝石出现星光效应。这种星光红、蓝宝石由于具有天然红、蓝宝石的特征，具有很强的迷惑性。它们的各种物理特征、包裹体特征和色带特征都与天然的一致，识别它们的关键是星光本身。

你一定要记住，还是那句话，过犹不及。天然的东西往往是不完美的。天然的星光宝石，星线往往不完美，有些弯曲，甚至缺失。过于完美的星光只有两种情况，要么是极品，要么有问题。

天然星光宝石的星线交汇处有一团很亮的光，称为宝光。宝光是无法仿造出来的，因此有无宝光成为辨别星光是否为天然形成的关键证据。

宝石的产地

当我们面对着各种光彩夺目的宝石时，总是会有一种冲动，迫切地想知道这些美丽的精灵究竟来自何方。并非所有的宝石离开矿区以后我们还能够找到它的出处，但确实有一部分宝石，无论被加工成什么样子，我们依然能够找到它最初的产地。

在宝石生长的漫长过程中，任何环境的变化都会在宝石中留下某种痕迹。这些永久保留在宝石内部的痕迹，我们称为包裹体。包裹体对于宝石意义非凡，它是环境在宝石中打下的烙印，向人们诉说着宝石的成长经历。

有些宝石成长的环境极为特殊，造就了宝石内部与众不同的包裹体。无论这些宝石流传到什么地方，人们依然能够根据内部特殊的包裹体追溯到它的家乡。

包裹体的产地意义最明显的宝石就是祖母绿。最著名的产地哥伦比亚产出的祖母绿具有典型的气液固三相包裹体，印度的祖母绿具有典型的"逗号状"包裹体，俄罗斯的祖母绿具有典型的"竹节状"包裹体，巴西的祖母绿含有大量具有磁性的磁铁矿和磁黄铁矿包裹体。在哥伦比亚，甚至是不同的矿点发现的祖母绿，其包裹体特征都各不相同。

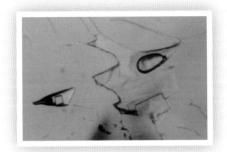

哥伦比亚祖母绿中的三相包裹体

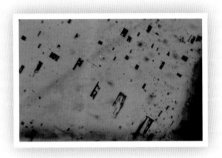

印度祖母绿中的"逗号状"包裹体

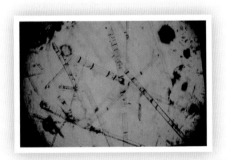

俄罗斯祖母绿中的"竹节状"包裹体

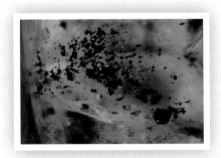

巴西祖母绿中的磁铁矿包裹体

缅甸星光红宝石中短而粗的针状包体

　　另一个包裹体产地意义明显的宝石是刚玉，即红宝石和蓝宝石。泰国出产优质的红、蓝宝石，但几乎都没有星光效应，因为泰国红、蓝宝石里面没有产生星光效应必需的特殊针状包裹体。缅甸和斯里兰卡的红、蓝宝石常出现星光效应，它们虽然都含有能够产生星光效应的特殊针状包裹体，但其特点却明显不同。缅甸星光红蓝宝石中，针状包体又短又粗；而斯里兰卡的正好相反，针状包体呈现又细又长的特点。

　　然而，除了祖母绿、刚玉这些包裹体产地意义明显的宝石，绝大部分宝石的包裹体并不具备明显的产地特征。也就是说，绝大部分的宝石，生长环境并不是特有的，地球上许多地方都可能具备它需要的生长环境，我们根本无法确定其产地。对于这些宝石来说，内部的包裹体只能证明宝石的天然性，而不能说明宝石确切的产地。

斯里兰卡星光红宝石中细而长的针状包体

第七章

购买宝石之终极必修课

俗话说"商场如战场",它不仅是指同为经营者的商家之间的明争暗斗,也包括商家与消费者之间的相互较量。如果你功力不济,很有可能落入商家给你挖好的销售陷阱。要想在这场较量中获胜,赶紧来补课吧。

外观差不多，为何价格差很多？

国内常见镶嵌首饰字印

铂：Pt950、Pt900

金：G750、18K（都表示含金量75%的黄金）

银：925、S925（含银量92.5%的银）

钯：Pd950、Pd500

英文字母代表贵金属名称，数字代表含量

很多朋友在购买珠宝首饰的时候都会有这样的疑惑，为什么有些看起来几乎一样的珠宝首饰，价格却相差甚远呢？这可能有几个方面的原因：

首先，宝石的品种是决定价格的基础。很多颜色相近的宝石外观看起来会非常相似，比如红宝石与红色尖晶石、黄晶与黄色托帕石，但它们的稀有性是不同的，因而价格自然不会相同。物以稀为贵的道理谁都明白，越是稀有的宝石，价格就越昂贵。那么，同等品质级别的红宝石比红色尖晶石的价格贵得多就不难理解了。

其次，镶嵌宝石的贵金属的材质同样是决定首饰价格的重要因素。看起来一样的白色金属，其材质可能是铂（Pt）、钯（Pd）、银（Ag）或者K金（Au）。即使材质相同，还需要注意贵金属的含量，含量越高，价格越贵。

为了迎合消费者追求高含金量的心理，一些不良商家可能对你宣称他们的首饰是"千足金镶嵌"。千万不要相信这样的鬼话，这是不可能的。要知道太高含量的贵金属，由于硬度太低是无法镶嵌宝石的。比如用于镶嵌宝石首饰的黄金，其金含量最高是75%（即18K），再高恐怕就难以将宝石镶嵌牢固了。

在每一件首饰的不显眼处都可以找到金属成分字印，比如戒指的内侧、项链的链扣处等。字印可以清楚地反映出该件首饰所采用的贵金属的材质以及含量，比如字印"Pt950"就表示金属材料是含量达到95%的铂。

注意，在看字印的时候，Pt和Pd尤其要看仔细，虽然只有一个字母的差别，但金属铂的价格约为钯的3倍。曾经就有商家推出首饰以旧换新活动，用Pd950换取顾客的Pt950，对于消费者来说这可是大大的不划算啊。

最后，宝石本身的品质是决定价格的关键。前面已经说过，宝石的品质取决于宝石的颜色、透明度、净度、切工和重量几个方面。

颜色是决定彩色宝石价格最重要的因素。对于不同品种的宝石，最贵的颜色不尽相同。但是不论哪种颜色，都要求达到最理想的颜色色调、明度和饱和度，比如顶级的红宝石，色调应该是鸽血红色、明亮且饱和度在70%~85%，稍有偏差，价格都会有很大差异。

通常情况下，宝石当然是越透明越好，但是对于有猫眼、星光等这些特殊光学效应的宝石来

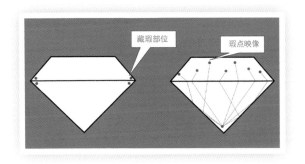

腰部是理想藏瑕部位　　　　底尖处的瑕疵在宝石中产生多个映像

说，完全透明反而会让光学效应变得模糊不清晰，因此对于这类宝石，半透明是最为理想的。

　　净度其实在前面已经专门讨论过，理论上来说，当然是净度越好，瑕疵越少，价格越高。现在我们也知道想完全避免瑕疵是很困难的，如果瑕疵在所难免，那么瑕疵所处的位置就影响很大了。同样大小的瑕疵，位于宝石台面正中与宝石腰部边缘的效果显然是不同的。

　　其实刻面宝石最理想的藏瑕处就是腰部边缘，一方面这里最不显眼，另一方面，这个位置的瑕疵很有可能在镶嵌时被掩盖。最要不得的是有瑕疵位于底尖处，因为由于刻面反射光线的作用，底尖处的瑕疵可能会在宝石中产生很多映像，让宝石的瑕疵显得比实际严重得多。

　　同样品质的宝石当然是越大越贵，这个毋庸置疑。需要说明的是，宝石的价格与重量之间绝不是简单的线性关系。什么意思呢？假如一粒1克拉的鸽血红宝石现在的市场价是1万美元，同级别的一粒2克拉的鸽血红宝石的价格绝对不可能是2万美元，而是远远高于这个价格。宝石的重量又与切割比例密切相关，看起来大小相当的宝石，由于厚度不同，重量可以有很大的差异。这也就是为什么有时候看起来大小差不多、品质级别也差不多的宝石，价格却相差数倍的原因。

了解正确的宝石名称

在琳琅满目的珠宝柜台里，我们可以看到各种令人眼花缭乱的珠宝首饰，但你是否注意过，它们的名称同样令人眼花缭乱。有些名称听起来给人感觉很高档，如美星钻、翠玉等；还有些名称会让你感觉很放心，如天然水晶、泰国红宝石等。这些听起来光鲜的名称常常是商家吸引你注意力的第一步，但同时也是分散你注意力的方式之一。

商家经常在名称中强调"天然"二字以增强消费者的信赖，而按照国家标准，这是不被允许的。国家标准对珠宝首饰名称有严格的规定，明确指出天然宝石的名称中不需要加"天然"两个字，而合成宝石的名称应该是"合成××"，经过处理的宝石，名称后需要加括号注明 "处理"字样或者具体处理方法。比如天然的蓝宝石就应该命名为"蓝宝石"，合成的蓝宝石就应该命名为"合成蓝宝石"，经过扩散处理的蓝宝石名称则应该是"蓝宝石（处理）"或"蓝宝石（扩散）"。

另一个经常在首饰名称中看到的部分是宝石的产地，比如"巴西水晶"、"南非钻石"等。很多人会觉得这些产地的宝石品质有保障，或者该产地的宝石可以"高人一等"，这恰恰中了圈套。我们评价宝石的品质只是从颜色、透明度、净度、切工以及重量几个方面来衡量，从来就不包括产地。更何况多数情况下，我们根本无法知道宝石的确切产地。因此，国家标准对此同样有明确的规定，宝石的产地以及生产商名称不参与命名，且不允许使用含混不清的名称。

任何时候，宝石的名称都应该符合国家标准，千万不要被那些混乱但貌似光鲜的名称迷惑，分散了你的注意力。作为购买珠宝首饰的消费者，你时刻要记住，除了首饰本身的款式，你应该关注的是宝石的品质而非产地或其他的什么东西。了解宝石正确的命名规范对于消费者来说很有必要，那些连名称都不合规范的商家，我个人认为是不值得信赖的。

认准权威的鉴定证书

很多珠宝首饰销售时就配有鉴定证书，这会让消费者感到十分放心。的确，权威机构出具的鉴定证书是宝石真伪的保证，可以作为消费者参考的重要因素。不过现在市场上的检测机构很多，水平却参差不齐，并不是所有的证书都值得信赖。

目前国内最权威的珠宝玉石检测机构当属国家珠宝玉石质量监督检验中心（National Gemstone Testing Centre,NGTC），简称国检。NGTC于2007年6月1日推出新版防伪鉴定证书，证书分为纸质卡式、纸质折叠和皮质折叠三种。请特别注意，有很多国字头的珠宝检测机构都简称自己为"国检"，但它们不是真正业界普遍认可的国检，真正权威的国检只有NGTC。当不同的检测机构的鉴定结果出现差异时，NGTC也是最终的仲裁机构，具有绝对权威性。

除了国检之外，由各地质量技术监督局授权的省级珠宝玉石检测中心也都是值得信赖的机构。这些机构颁发的证书上都有中国计量认证标志（CMA）、产品质量监督检验中心授权标志（CAL）和中国合格评定国家认可委员会国家实验室认可标志（CNAS）。

CMA标志由"CMA"三个英文字母组成的图形和该中心计量认证证书编号两部分组成。计量

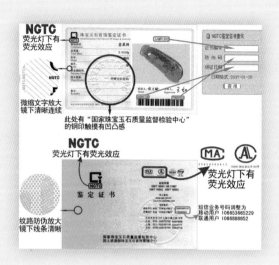

NGTC新版08纸质卡式证书

认证是我国通过计量立法，对为社会出具公证数据的检验机构进行强制考核的一种手段。经计量认证合格的产品质量检验机构所提供的数据，可以为产品质量评价、成果及司法鉴定提供公正数据，具有法律效力。

CAL标志由"CAL"三个英文字母组成的图形和该中心授权证书编号两部分组成。证书编号中"国认监认字"指"国家级"授权中心。该标志代表检验机构具有一定的实力和检验能力，经国家授权，承担国家监督抽查及检验任务。具有此标志的检验报告有权威性并具法律效力。

CNAS标志表明该中心的检测能力和设备能力通过中国合格评定国家认可委员会认可。我国实验室认可机构是国际实验室认可合作组织（ILAC）的正式成员，并签署了多边承认协议（MRA）。这为逐步结束国际贸易中重复检测的历史，实现产品"一次检测，全球承认"的目标奠定了基础。不少有CNAS标志的证书上同时具有国际互认ilac-MRA标志。

作为普通消费者，也许你无法准确判定证书优劣，但至少应该注意两点：第一，证书上应该有上述相应的各种认证标志；第二，证书上的宝石名称必须严格符合国家标准。

证书认证标志

其中，第二点尤其重要。有些规模较小的检测站，为了吸引更多的送检客户，会按照客户要求的方式来命名宝石，很多时候这些名称是不合规范甚至是完全错误的。如果鉴定证书上出现不合规范的宝石名称，首先就表明这个机构不够专业，当然也就谈不上权威了。

不过，对于托帕石的定名恐怕要作为例外来处理，你最好不要仅凭托帕石写没写"辐照"来判断一个检测站是否权威。这个原因前面已经说得很清楚，这里就不再重复了。

投资宝石需要注意什么？

近年来，与价格持续暴涨的翡翠相比，彩色宝石的升值幅度并不算大，2010年、2011年，红、蓝宝石的升值幅度在30%左右。正因为价格还处于相对的低位，使得彩色宝石有了更大的升值空间。一些眼光独到的人已经敏锐地意识到了彩色宝石的投资价值，一股投资彩色宝石的热潮已经暗流涌动。

在满足女人爱美需求的同时，宝石兼具保值增值的功能。但是投资不能只凭一时的狂热，必须有足够的知识积累，否则就是拿自己的钱财开玩笑了。

对于合成宝石，即便承认它物美价廉，多数人还是不愿意接受它，因为大多数人购买珠宝时，不论出于什么目的，潜意识里或多或少有投资情结，希望所购买的珠宝能够保值增值。人们很自然地以为只要是天然的就一定可以保值增值，果真是这样吗？

人们对于时尚、个性的追求决定了首饰市场不可能永远只有黄、白两色，彩色宝石的流行是一个必然的趋势。

目前，国内用于首饰上的彩色宝石以红、蓝宝石为主，碧玺、祖母绿正处于兴起阶段。彩色宝石首饰大致分为两类，一类是用红、蓝宝石和祖母绿等高档宝石制成的首饰，这类宝石首饰一般针对高端客户，收藏和投资性较强；另一类是中低端的宝石首饰，如水晶、石榴石等，这类首饰以时尚性为主，针对较为年轻的客户群体，投资收藏价值不高。但只要是天然的彩色宝石，基本都具有保值功能。

那么在进行彩色宝石投资时应该注意哪些问题呢？

投资宝石首先要选对适合投资的品种。我们当然都知道合成宝石只能作为天然宝石的替代品，完全不具备任何投资价值，但这并不意味着所有天然宝石都值得投资。

其实市场上绝大部分的大路货没有太大的投资价值，这些首饰应该以装饰性为主。投资应选择那些高档的品种，比如钻石、红宝石、蓝宝石、猫眼等，或者极为稀少罕见的品种，比如前面提到的帕拉伊巴碧玺、翠榴石等。

其次，作为投资，宝石的重量是必须考虑的。即使是名贵稀少的宝石，如果粒度太小，投资的意义也不大。比如钻石或顶级的鸽血红色红宝石，至少1克拉以上；优质的祖母绿，至少2~3克拉；完美的海蓝宝石或紫黄晶，至少几十克拉以上才有较好的投资价值。当然，如果财力允许，重量越大，投资价值相应也越高。

选好了投资的品种，确定了准备投资的粒度大小，接下来当然要考虑品质了。即便不是用做投资，想必品质也是每个消费者购买宝石时考虑的重点。所谓好的品质就是要求宝石颜色要纯正浓艳，瑕疵尽量少，透明度要好。如果有星光、猫眼之类的特殊光学效应，效应必须清晰明显。

在这里，我特别想强调的是，作为投资的珠宝，品质必须是顶级的，且没有经过任何处理，甚至包括前面我请大家不要深究的加热。以1克拉大小的鸽血红宝石为例，没有经过加热的克拉单价大约是1万美元，而加热的克拉单价大约是一两千美元，几乎有十倍的差价。当然只要颜色够好，净度够好，加热的红宝石也可以投资，只是投资价值相比没有加热的来说就大打折扣了。如果你仔细读了这本书前面的内容，你就会知道加热并不容易鉴别，而且国内的检测机构都是不

不同品种宝石的投资推荐一览表

宝石品种	颜色	重量	推荐等级
红宝石	鸽血红	3克拉以上	★★★★★
	艳红	1克拉以上	★★★★
蓝宝石	矢车菊蓝	5克拉以上	★★★★★
	艳蓝	2克拉以上	★★★★
祖母绿	翠绿	5克拉以上	★★★★★
	翠绿	2克拉以上	★★★★
变石猫眼	红绿变色	1克拉以上	★★★★★
	其他变色效应明显	3克拉以上	★★★★
猫眼	蜜黄	5克拉以上	★★★★★
	蜜黄	3克拉以上	★★★★
金绿宝石	黄绿	10克拉以上	★★★★
坦桑石	蓝紫	20克拉以上	★★★★★
		10克拉以上	★★★★
碧玺	红宝石红色	10克拉以上	★★★★
	帕拉伊巴蓝色	2克拉以上	★★★★★
	双色、多色	30克拉以上	★★★★★
	双色、多色	10克拉以上	★★★
翠榴石	翠绿	2克拉以上	★★★★★
钙铝榴石	翠绿	5克拉以上	★★★★
黑欧泊	变彩丰富	10克拉以上	★★★★★
火欧泊	红色，变彩丰富	10克拉以上	★★★★
坦桑石	湛蓝色	20克拉以上	★★★★★
		10克拉以上	★★★★
海蓝宝石	蓝色	50克拉以上	★★★★
绿柱石	粉色	10克拉以上	★★★
紫黄晶	紫色、黄色	50克拉以上	★★★

注：此表仅作参考；宝石净度应为顶级。

会对加热做出任何说明的。对于一些重量级的投资，以国际权威机构的证书作为保障还是非常必要的。

最后，如果你决定投资的是祖母绿、红宝石、蓝宝石这类的高档彩色宝石，产地也是需要考虑的因素。

有些朋友可能会纳闷，你前面不是说买宝石时不要问产地这样的傻问题，现在怎么又要考虑产地了？其实是否需要考虑产地是基于你的购买目的，如果不是用做投资，或者选购的宝石品种、重量都不在我前面说的可投资范围之内，那么考虑产地是没有什么意义的。但是，如果确实是用做投资的高档彩色宝石，产地有时候会对价值产生不小的影响。比如缅甸的红宝石价格就会比其他产地的同品质红宝石高出数倍。不过正如我上一章讲到的，并非所有的宝石都可以检测出原产地。对于祖母绿、红宝石、蓝宝石这样的品种来说，产地相对容易确定，产地对价格的影响也比较大，应予以考虑；对于其他许多宝石品种，产地也许无从鉴定，那么价值则完全取决于品质。

目前投资高档彩色宝石，尤其是红、蓝宝石，最好有国际权威检测机构出具的鉴定证书，比如美国宝石学院的GIA证书、瑞士宝石研究鉴定所的GRS证书和古柏林宝石实验室的GGL证书。这些国际权威检测机构不但对宝石加热做精细的检测，在有证据的时候也会对宝石的产地作出说明，甚至对宝石的稀有程度给出评级。这些对于宝石投资者来说都是非常重要的投资依据。

国际证书不仅要有，更要会看。国际权威证书都以英文为主，然而即使是精通英文的人，在看宝石证书上的一些专业术语时也不见得就能看得很明白。例如GRS的彩色宝石证书里使用了许多的缩写来标示有关宝石的处理情形及程度，另外对于宝石色彩也附加特别的形容词。

由于在对宝石加热问题的鉴别上，瑞士人做得比美国人更出色，因此瑞士的证书也具有更高的国际权威度。在此我仅以GRS的红宝石证书为例，简要介绍一下应该重点关注的几项内容和相关术语。

identification——鉴定结果

这里会给出经过鉴定确认的宝石名称，比如ruby（红宝石）、sapphire（蓝宝石）、emerald（祖母绿）、chrysoberyl cat's-eye（金绿宝石猫眼）等。

你也许注意到证书上宝石名称前面还标明了natural（天然的），不过千万不要以为这里写明natural就没有任何问题了。这里的natural仅仅能证明宝石不是合成的，并不能证明宝石没有经过任何优化处理。

color——颜色

颜色描述并不像我们想象的那样简单。由于颜色是对彩色宝石价值影响最大的因素，为了尽量准确地描述颜色，GRS通常采用"修饰词+修饰色+主色"的描述方式，如pastel pinkish-red（淡的粉红色）。

我们需要特别注意看的除了主色，还有主色前面的修饰色和修饰词。比如红宝石的颜色从

常见宝石名称中英文对照表

钻石	diamond	尖晶石	spinel
红宝石	ruby	锆石	zircon
蓝宝石	sapphine	碧玺	tourmaline
祖母绿	emerald	海蓝宝石	aquamarine
金绿宝石	chrysoberyl	托帕石	topaz
猫眼	chrysoberyl cat's eye	橄榄石	peridot
变石	alexandrite	锰铝榴石	spessartine
翠榴石	demantoid	水榴石	garnet
沙弗莱石	tsavorite	月光石	moon stone
摩根石	morganite	坦桑石	tanzanite
紫晶	amethyst	黄晶	citrine
紫黄晶	ametrine	芙蓉石	rose quartz

差到好被分为pinkish-red（粉红）、red（红）和vivid red（艳红），投资的红宝石颜色应该能够达到vivid red的级别。在这一栏，GRS还会加注一些颜色的商业名称，如vivid red（GRS type "pigeon's blood"）（艳红（GRS标示"鸽血红"））。

同样，值得投资的蓝宝石的颜色也应该能够达到vivid blue（艳蓝）。vivid blue的商业名称又可以分为royal blue（皇家蓝）和cornflower（矢车菊蓝）。两者都是很好的颜色，不过相比起来，矢车菊蓝的价值还要更胜一筹。

comment——备注

看到前面讲identification里面宝石名称前面的natural并不能完全证明宝石的纯天然性，你是否心中很忐忑呢？其实GRS证书对于宝石优化处理的表述都是在备注这一部分来进行的，

GRS证书上常见的颜色描述

lime lemon	莱母柠檬色	cognac	干邑（白兰地）色
olive	橄榄色	peach	桃色
whiskey	威士忌色	orange	橙色
pastel fancy colors	粉彩色	deep orange	深橙色
golden yellow	金黄色	vivid orange-red	艳橙红色
salmon	鲑鱼色	hot pink	桃红色
pink	粉红色	cherry blossom	樱花色
plum	梅子（紫红）色	padparadsche	帕帕拉恰色
vivid lilac	艳紫丁香	vivid purple	艳紫色
violet	紫罗兰色	lavender	薰衣草色

comment是GRS证书里面不可忽视的非常重要的一个部分。

以最普遍也是最难鉴别的处理方法加热来说，如果GRS发现了任何加热的证据，证书的comment这一栏会出现大写的英文字母H，这是Heat（加热）的缩写。而且根据宝石加热后产生的次生体的数量将热处理进一步分为H(a)、H(b)、H(c)和H(d)四级，分别代表热处理的程度是"极轻微"、"轻微"、"一般"和"严重"。加热对宝石的投资价值必然是有影响的，但不等于说加热的就完全不能投资，实际上，只要颜色够好，粒度够大，轻微加热（H(b)以上）的宝石一样可以投资，只是其投资价值相比没有加热的宝石来说要小不少。而H(c)和H(d)的投资意义就不大了。

如果GRS没有找到任何加热的证据，证书上comment一栏会写上：No indication of thermal treatment（没有热处理迹象）。有些心细的读者可能心里又要犯嘀咕了：为什么不直接写清楚no heated（没有加热），而要写个这种模棱两可的话呢？是不是说这颗宝石仍然有可能是加热的呢？其实这正是老外严谨精神的体现，"没有热处理迹象"确切的意思确实是宝石有可能还是

其他GRS证书上comment一栏常见的英文缩写

缩写	代表含义	投资推荐等级
H（a）	极轻微热处理	★★★★
H（b）	轻微热处理	★★
H（c）	一般热处理	★
H（d）	严重热处理	
H（Be）	铍扩散处理	★
CE(O)	净度优化（浸油处理）	
C	镀膜处理	
D	染色处理	
R	辐照处理	★
U	表面扩散处理	

加热的，只是GRS没有找到证据。但是在我看来，你完全没必要介意这个问题，因为如果连GRS都没有找到任何加热证据，其他机构和个人要想找到什么加热证据几乎也是不可能的。

origin——产地

不是每个GRS证书上都看得到这一栏，只有GRS找到确凿证据能够证明产地的才会出现这一栏在证书的右半边。在红宝石证书上，如果找到产地证据，我们会看到这样的描述：

Gemmological testing revealed characteristics corresponding to those of a natural ruby from：

Burma(Mogok，Myanmar)

宝石学检测结果显示该天然红宝石其特征源自于：

缅甸（莫谷，缅甸）

在同等级别情况下，缅甸的红宝石、斯里兰卡的蓝宝石以及哥伦比亚的祖母绿会比其他产地